# 智能变电站
## 运维技术及故障分析

ZHINENG BIANDIANZHAN
YUNWEI JISHU JI GUZHANG FENXI

高 博 主 编
柯艳国 丁津津 副主编

中国电力出版社
CHINA ELECTRIC POWER PRESS

# 内 容 提 要

为了方便变电站运维人员了解智能变电站相关知识,掌握智能变电站运维等相关技术,安徽省电力有限公司组织相关技术人员编写了本书。本书以智能变电站运维为主线,系统阐述了智能变电站运维技术、实际生产中相关技术问题的解决方法等,共分为 7 章,第 1 章介绍智能变电站的基础知识;第 2 章为智能变电站网络及设备功能特点;第 3 章为智能变电站报文及传输机制;第 4 章为智能变电站设备规范;第 5 章为智能变电站运维技术;第 6 章为智能变电站故障及异常处理;第 7 章为智能变电站典型故障举例。

本书可供电力系统智能变电站运行维护人员使用。

**图书在版编目(CIP)数据**

智能变电站运维技术及故障分析/高博主编. —北京:中国电力出版社,2019.3(2025.5重印)
ISBN 978-7-5198-2977-3

Ⅰ.①智… Ⅱ.①高… Ⅲ.①智能系统–变电所–电力系统运行 Ⅳ.①TM63

中国版本图书馆 CIP 数据核字(2019)第 042148 号

出版发行:中国电力出版社
地　　址:北京市东城区北京站西街 19 号(邮政编码 100005)
网　　址:http://www.cepp.sgcc.com.cn
责任编辑:岳　璐(010–63412339)
责任校对:黄　蓓　太兴华
装帧设计:王英磊　左　铭
责任印制:石　雷

印　　刷:三河市万龙印装有限公司
版　　次:2019 年 3 月第一版
印　　次:2025 年 5 月北京第二次印刷
开　　本:710 毫米×1000 毫米　16 开本
印　　张:12.5
字　　数:229 千字
印　　数:2001—2500 册
定　　价:80.00 元

  作为智能电网建设发展的重要环节,智能变电站建设和变电站的智能化改造正在大力开展,今后现有的变电站将逐渐被智能变电站所替代。智能变电站运用了大量的新技术,这就对运行维护人员提出了更高的要求,而现阶段相当多的变电站运维人员对智能变电站的运行维护技术和实际生产中的技术问题等还缺乏必要的了解和认识,为了方便变电站运维人员了解智能变电站相关知识,掌握智能变电站运维等相关技术,安徽省电力有限公司组织相关技术人员编写了本书。

  本书以智能变电站运维为主线,系统阐述了智能变电站运维技术、实际生产中相关技术问题的解决方法等,共分为7章,第1章的主要内容是智能变电站的基础知识;第2章的主要内容是智能变电站网络及设备功能特点;第3章的主要内容是智能变电站报文及传输机制;第4章的主要内容是智能变电站设备规范;第5章的主要内容是智能变电站运维技术;第6章的主要内容是智能变电站故障及异常处理;第7章的主要内容是智能变电站典型故障举例。

  国网安徽省电力有限公司电力科学研究院承担了本书的编写工作,国网安徽省电力有限公司设备管理部和调度控制中心审阅了本书,并提出了一定的修改意见。

  由于编写时间仓促,书中难免存有疏漏或不足之处,恳请读者批评指正。

# 目 录

# 第1章

# 智能变电站的基础知识

## 1.1 智能变电站的技术演进及特点

智能变电站是采用先进、可靠、集成和环保的智能设备，以全站信息数字化、通信平台网络化、信息共享标准化为基本要求，自动完成信息采集、测量、控制、保护、计量和检测等基本功能，同时，具备支持电网实时自动控制、智能调节、在线分析决策和协同互动等高级功能的变电站。

智能变电站主要包括智能高压设备和变电站统一信息平台两部分。智能高压设备主要包括智能变压器、智能高压开关设备、电子式互感器等。智能变压器与控制系统依靠通信光纤相连，可及时掌握变压器状态参数和运行数据。当运行方式发生改变时，设备根据系统的电压、功率情况，决定是否调节分接头；当设备出现问题时，系统会发出预警并提供状态参数等，在一定程度上降低运行管理成本，减少隐患，提高变压器运行可靠性。智能高压开关设备是具有较高性能的开关设备和控制设备，配有电子设备、传感器和执行器，具有监测和诊断功能。电子式互感器是指纯光纤互感器、磁光玻璃互感器等，可有效弥补传统电磁式互感器的缺点。变电站统一信息平台的功能有两个，一是系统横向信息共享，主要表现为管理系统中各种上层应用对信息获得的统一化；二是系统纵向信息的标准化，主要表现为各层对其上层应用支撑的透明化。

变电站的技术经过了多次演进，先后产生了常规综合自动化变电站、数字化变电站、智能变电站和新一代智能变电站。目前，智能变电站的运行管理已超出了对设备电源等外部设备的管理范畴，需要深入了解设备内部，全面掌握设备状态，以便在方式调整或紧急情况下从容应对。运行人员不仅要掌握智能变电站二次设备的连线方式，更要掌握设备之间的通信行为、逻辑关系及每根连线的数据传输内容。新一代智能变电站的一次接线方式、设备组合方式等较常规变电站有较大变化，刷新了电网运行人员的惯性认知，改变了长期以来的运行习惯，对运行管理方式、运行操作规则、安全措施等产生了很大的影响。相关部门应及时调查、研究制定智能变电站的运行规程、操作手册等一系列规章制度。完备的制度体系是智能变电站安全稳定运行的基本保障。

### 1.1.1　常规综合自动化变电站到数字化变电站的演进

常规综合自动化变电站是将计算机技术和网络通信技术应用于变电站，取代强电一对一控制方式，实现站内监控和远方调控有效整合的变电站。

数字化变电站是由智能化一次设备和网络化二次设备分层构建，建立在DL/T 860（IEC 61850）通信规范基础上，能够实现变电站内智能电气设备间信息共享和互操作的现代化变电站。IEC 61850 是基于通用网络通信平台的变电站自动化系统唯一国际标准，中文名为《变电站通信网络和系统》，由国际电工委员会制定，并于 2003 年发布。

在硬件结构上，数字化变电站首次将变电站设备依据所处地位划分为站控层、间隔层和过程层 3 个层次，并将以太网构架引入过程层，形成"三层三网"的构架体系。在软件结构上，数字化变电站标准建立了变电站设备统一信息模型和通信接口，设备间可无缝连接，实现了不同设备和不同功能的信息共享（互操作）。在此基础上，开始了由传统的综合自动化变电站向数字化变电站的演进。

2005 年以来，我国开始大力推进采用数字化变电站代替常规综合自动化变电站的工作。数字化变电站的本质特点在于就地数字化和光缆传输，这两点可看作专业分工的普遍原理在技术领域的实践应用。就地数字化避免了传统的多个保护测控设备需要进行模/数（A/D）转换的重复浪费，从源头上实现更高精度的 A/D 采集，更为经济可行；一、二次设备间需要传输的只有信息，而光缆无疑是信息传输最为合适的载体，具有带宽高、不受电磁干扰的显著优点，因而用光缆替代10V/5A 这种大能量、传输信息量少的传统技术应顺理成章。从这两个技术出发，再加上信息建模和互操作方面的提升，可以说 IEC 61850 数字化变电站在"可靠、准确、简单、经济"等方面均有突出的优点。

综上所述，从常规综合自动化变电站演进到数字化变电站的优点如下：

（1）变电站的各种功能可共享统一的信息平台，避免设备重复，降低投资。

（2）便于变电站设备更新等改、扩建工作，降低生命周期成本。

（3）通信网络取代复杂的控制电缆，节省投资并降低火灾风险。

（4）减少中间环节，提升测量精度。

（5）通过光缆传输，使用通信校验和自检技术，可从根本上保证信号的可靠性。

（6）电子式互感器杜绝了传统互感器的 TA 断线导致高压危险、TA 饱和影响差动饱和、电容式电压互感器（Capacity Voltage Transformer，CVT）暂态过程影响距离保护、铁磁谐振、绝缘油爆炸、六氟化硫（$SF_6$）泄漏等问题。

（7）新技术的采用将大量节约铁芯、铜线等金属材料，在高电压等级变电站具有明显的经济性。

（8）避免电缆带来的电磁兼容、传输过电压、交直流误碰和两点接地等问题。

常规综合自动化变电站与数字化变电站之间的技术差异如表 1－1 所示。

表 1－1　　　　常规综合自动化变电站与数字化变电站之间的技术差异

| 技术分类 | 常规综合自动化变电站 | 数字化变电站 |
|---|---|---|
| 系统架构 | 分层分布、开放式的计算机监控系统 | |
| 设备分层 | "站控""间隔"两层结构 | "站控""间隔""过程"三层结构 |
| 间隔层设备 | 测控装置 | 测控、保护、故障录波等 |
| 过程层设备 | 无 | "互感器+合并单元""电力功能元件+智能组件" |
| 通信规约 | 103 规约为主，结合各厂商私有协议 | IEC 61850 |
| 通信介质 | WorldFIP、CAN 总线、以太网双绞线等 | 以太网双绞线、光纤 |
| 数据模型 | 因各厂商而异 | IEC 61850 标准数据模型 |
| 遥测量传输方式 | 电气模拟量 | 数字量 |
| 测量系统精度 | 取决于测量系统各环节传感器精度 | 较常规综合自动化变电站更高 |
| 遥测量采样同步 | 在保护、测控装置内完成 | 合并单元负责完成 |
| 遥信、遥控、遥调量传输方式 | 电缆硬接线 | 网络软报文 |
| 遥信、遥控、遥调量传输延时 | 无 | ≤4ms |
| 设备互操作 | 仅限于站控层与间隔层的测控装置间 | 全站非跨层级的所有智能二次设备 |
| 设备间连线 | 复杂 | 简单 |
| 控制电缆量 | 较大 | 较小 |
| 交换机数量 | 较少 | 较多 |
| 调试设备 | 试验电源、传统校验设备 | 数字化测试、校验仪等 |

## 1.1.2　数字化变电站到智能变电站的演进

2010 年初，国家电网公司发布智能电网标准和研究框架，全面启动整个智能电网建设工作。智能电网是以特高压电网为骨干网架、各电压等级电网协调发展的坚强电网为基础，将现代先进的传感测量技术、通信技术、信息技术、计算机技术和控制技术与物理电网高度集成而形成的新型电网。它以充分满足用户对电力的需求和优化资源配置的要求，确保电力供应的安全性、可靠性和经济性，满足环保约束，保证电能质量，适应电力市场化发展等为目的，实现为用户提供可靠、经济、清洁、互动的电力供应和增值服务。

相比于数字化变电站，智能变电站拥有更强大的高级应用潜力和更灵活的协调互动功能。针对智能变电站，人们提出了增强变电站系统的适应性及智能愈合的概念，使智能变电站逐渐形成了特有的技术特征。其技术特征主要是增加了实时设备状态监测、完备的辅助控制功能、统一的数据管理平台。

数字化变电站与智能变电站之间的技术差异如表 1-2 所示。

表 1-2               数字化变电站与智能变电站之间的技术差异

| 技术分类 | 数字化变电站 | 智能变电站 |
| --- | --- | --- |
| 设备状态监视 | 无 | 配置设备状态监测系统，对关键设备进行实时在线监测，个别监测量采用离线监测手段实现。为计划检修提供数据基础支撑 |
| 监控系统功能 | 测量、控制等常规功能 | 测量、控制、防误操作、保护管理等功能一体化管理 |
| 设备功能 | 各专业功能由独立装置各自实现 | 设备功能高度集成 |
| 辅助控制系统 | 系统分散，功能独立实现，无相互协同 | 建立了服务于运行管理的全面的辅助控制系统，各子功能模块根据需要相互协同，实现智能化管理 |
| 数据管理 | 根据专业划分，自动化、保护等数据分别独立管理 | 实现站内 Ⅰ、Ⅱ、Ⅲ 区全业务数据的统一管理，包括数据采集与监视控制系统（Supervisory Control and Data Acquisition，SCADA）、保护、录波、计量、状态监测、辅助控制等 |
| 应用扩展 | 无 | 基于对站内全景数据的深度挖掘，实现智能告警与故障综合分析、事故信息综合分析决策等站内高级应用功能 |
| 智能调度支持 | 无 | 实现了顺序控制、支撑经济运行与优化控制、源端维护等协同互动功能 |
| 建设方式 | 厂家分散供货，现场安装调试 | 一体化设计、工厂化加工调试、集成供货、模块化安装、装配式建设，如预制舱式二次组合设备、装配式建构筑物等 |

## 1.1.3  智能变电站到新一代智能变电站的演进

随着智能变电站技术的不断发展，国内和国际上提出了集成式隔离断路器、智能变压器、气体绝缘开关柜及层次化保护控制系统等诸多新技术、新概念，并逐渐开展了新一代智能变电站的设计、调试与建设。

　　2012 年 3 月,国家电网公司开始着手新一代智能变电站技术方案的研究与论证。新一代智能变电站在吸收现有智能变电站工程设计、建设及运行等经验的基础上,以"系统高度集成、结构布局合理、装备先进适用、经济节能环保、支撑调控一体"为建设目标,重点攻克隔离断路器、二次设备集成舱、一体化业务平台、层次化保护控制等关键技术,研制完成隔离断路器、集成式测控装置等设备。新一代智能变电站的保护控制层级更加完整、性能更加可靠,基于一体化平台的顺序控制、智能告警等高级功能,其实用化水平进一步提升。

　　相比于智能变电站,新一代智能变电站的优势主要体现在:系统高度集成、结构布局合理、装备先进适用、经济节能环保、支撑调控一体。着力优化布局,缩减建筑面积,户外站、户内站分别采用二次设备集成舱或二次装置就地布置;全面贯彻"一体化设计、一体化供货、一体化调试"理念,显著提高了设备安装调试效率,建设工期较常规平均缩短了四分之一。

　　智能变电站与新一代智能变电站之间的技术差异如表 1-3 所示。

表 1-3　　　　　智能变电站与新一代智能变电站之间的技术差异

| 技术分类 | 智能变电站 | 新一代智能变电站 |
|---|---|---|
| 间隔内一次设备 | 断路器、隔离开关、互感器等独立配置、独立安装 | 集成式隔离断路器将常规断路器、隔离开关、接地开关、互感器等设备功能集于一身,且集成状态监测功能,大大提高了设备及功能的集成度。满足相关内/外部条件时取消母线/出线侧隔离开关 |
| 间隔内电气接线 | 同常规综合自动化变电站 | 改变了接线形式,简化了间隔内电气接线 |
| 间隔内配电装置形式 | 同常规综合自动化变电站 | 集成式隔离断路器、气体绝缘母线(Gas Insulated Bus, GIB)等设备组合使得配电装置尺寸较常规空气绝缘的常规配电装置(Air Insolated Switchgear, AIS)方案大大缩减,有效减少配电装置占地及站内道路用地,配电装置布置形式大大简化 |
| 智能电力变压器 | 变压器+智能组件 | 变压器+智能组件,对于 110kV 变压器智能组件与变压器本体集成 |
| 开关柜 | 常规开关柜 | 可配置气体绝缘开关柜,二次设备与开关柜一体化集成设计 |
| 二次系统 | 一体化监控系统 | 层次化保护控制系统。在一体化监控系统的基础上,设置了站域保护控制系统和就地级保护两级保护。构建了一体化业务平台,站内不划分安全Ⅰ、Ⅱ区 |
| 测控装置 | 220kV 测控独立配置 | 测量、控制、计量、电力系统同步相量测量装置(Phasor Measurement Unit, PMU)功能集成,装置功能集成度进一步提升 |

## 1.2 智能变电站典型结构

智能变电站是由智能化一次设备（电子式互感器、智能化开关等）和网络化二次设备分层（过程层、间隔层、站控层）构建的。根据 DL/T 860（IEC 61850）协议的规定，智能变电站自动化系统可以从功能上划分为"三层"，分别是站控层、间隔层、过程层，如图 1-1 所示。

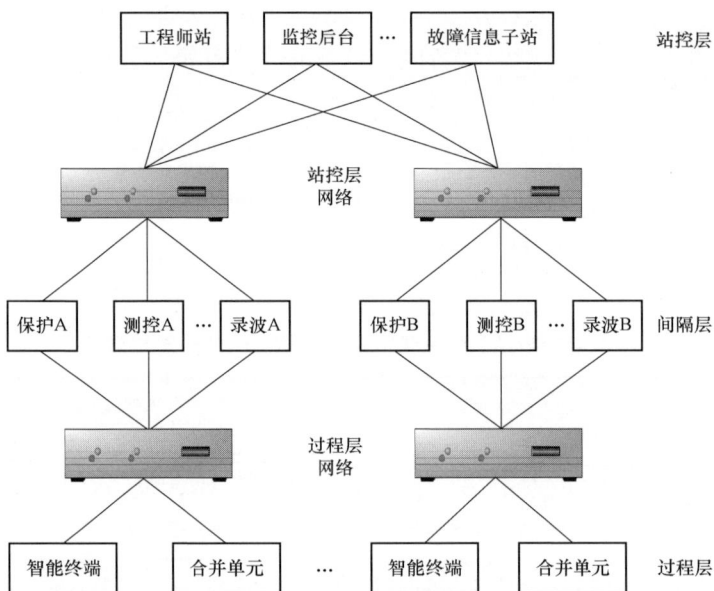

图 1-1 智能变电站网络结构图

站控层位于变电站的顶层，包括工程师站、监控后台、故障信息子站等，其主要功能是汇总实时数据，实现全站设备的监视、告警、控制等交互功能，同时执行调度下达的操作命令；间隔层位于站控层与过程层的中间，包括保护、测制和录波等二次装置，其主要任务是通过智能终端对一次设备进行保护和控制，实现本间隔内的操作闭锁，并进行一次电气量的运算和计量；过程层位于智能变电站的最底层，典型设备包括智能终端（执行单元）、合并单元等，其主要功能是进行一次电气量采集、执行操控命令和检测设备状态。

### 1.2.1 智能变电站体系架构

不同电压等级的智能变电站体系结构因重要性和功能性不同而有所区别，具体为 110kV 智能变电站体系架构、220kV 智能变电站体系架构和 500kV 智能变电站体系架构。

**1. 110kV 智能变电站体系架构**

110kV 智能变电站装置按单套配置，保护直接采样、直接跳闸，当接入元件数较多时，可采用分布式保护。分布式保护由主单元和若干个子单元组成，主单元实现保护功能，子单元执行采样、跳闸功能。110kV 智能变电站配置一套测控装置，通用面向对象的变电站事件（Generic Object Oriented Substation Event，GOOSE）网络、采样值（Sampled Value，SV）网络组成单网运行，制造报文规范（Manufactuing Message Specification，MMS）网络组成单网运行，如图 1-2 所示。

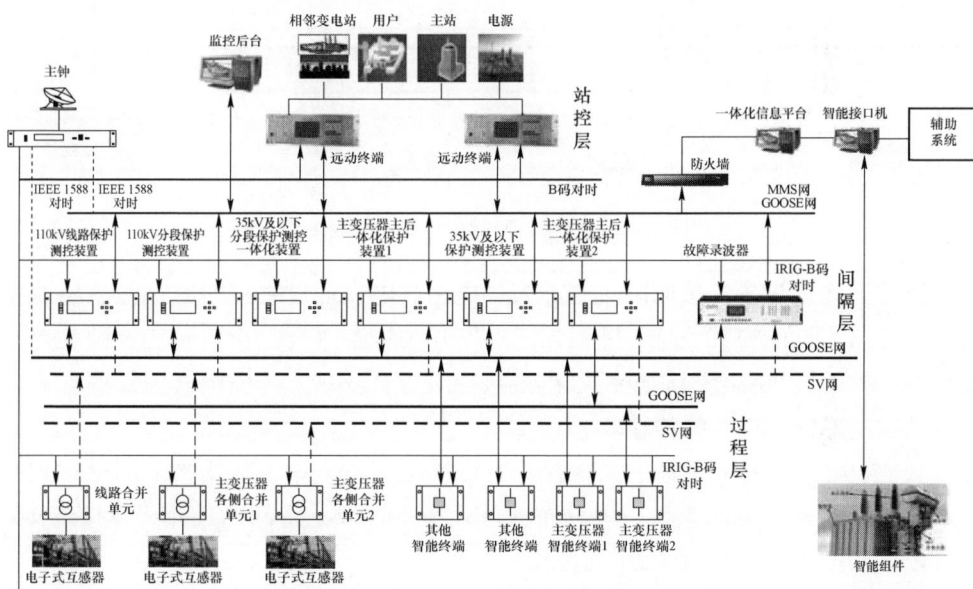

图 1-2　110kV 智能变电站体系架构

**2. 220kV 智能变电站体系架构**

220kV 智能变电站的主变压器保护配置两套独立的主变压器后一体变压器电量保护和一套本体智能单元（含非电量保护）；主变压器各侧均配置独立的测控装置及一套本体测控装置。110kV 变压器保护按单套配置，每套保护包含完整的主、后备保护功能；变压器各侧合并单元按单套配置，中性点电流、间隙电流并入高压侧合并单元，如图 1-3 所示。

220kV 线路配置两套独立的保护装置，测控装置配置一套测控装置。

110kV 侧线路配置一套保护测控一体化装置。35kV 及以下电压等级侧采用

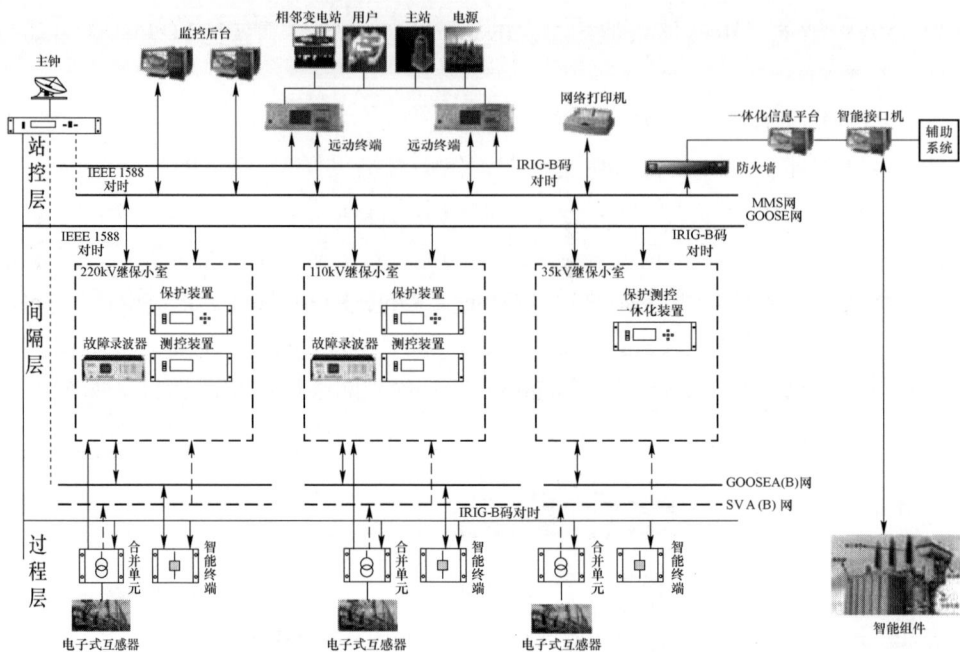

图 1-3  220kV 智能变电站体系架构

保护测控一体化设备，按间隔单套配置。电压、电流通过直接对常规互感器或低功率互感器采样的方式完成；断路器、隔离开关位置等开关量信息通过硬触点直接采集；断路器的跳合闸通过硬触点直接控制方式完成。跨间隔开关量信息交换采用站控层 GOOSE 网络传输。

智能 PMU 可以采用集中式布置，也可以根据变电站具体结构采用分布式布置，对于分布式布置的系统，各分布式单元与主控单元之间通过光纤直接连接；还可以在测控装置中实现 PMU 功能。

GOOSE 网络、SV 网络组成双网运行，MMS 网络组成双网运行。

**3. 500kV 智能变电站体系架构**

500kV 智能变电站体系架构与 220kV 智能变电站基本相同，仅增加了安稳装置等一些保障枢纽变电站安全稳定的设备，如图 1-4 所示。

## 1.2.2  智能变电站二次系统配置原则

智能变电站二次系统配置原则如下：

（1）智能变电站自动化系统遵循 DL/T 860.5《变电站通信网络和系统 第5部分：功能的通信要求和装置模型》，在功能逻辑上由站控层、间隔层、过程层组成，站内信息宜共享，保护故障信息、远动信息、微机防误系统不能重复采集。

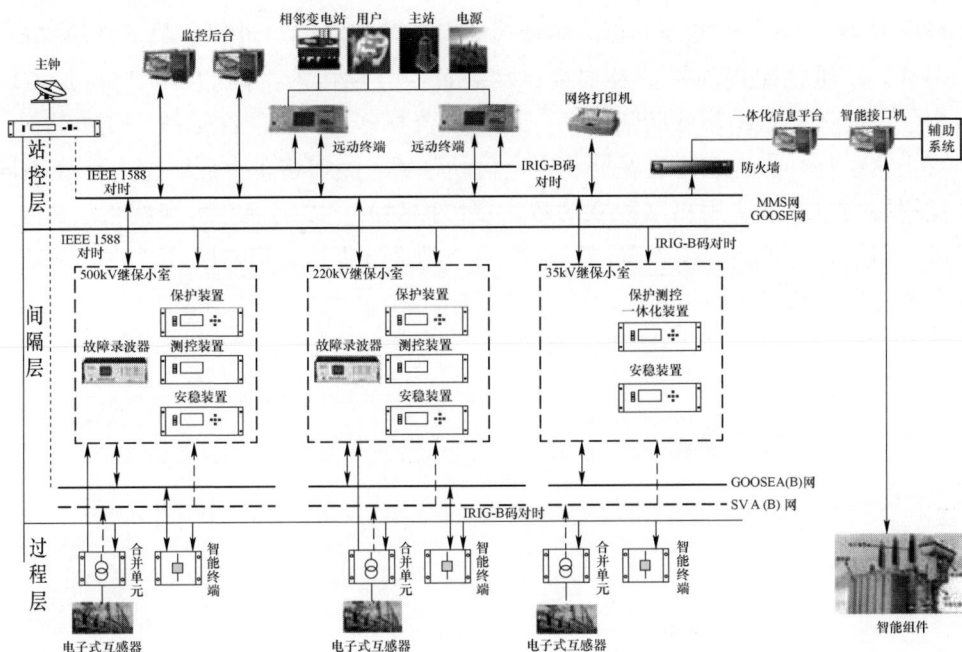

图 1-4　500kV 智能变电站体系架构

（2）智能站宜配备公用的时间同步系统，宜采用北斗系统和全球定位系统（Global Positioning System，GPS）单向标准授时信号进行时钟校正，优先采用北斗系统。同时应具备通过远动通信设备接收调度时钟同步的能力。

（3）保护及安全自动化装置采样值传输，应满足 Q/GDW 441—2010《智能变电站继电保护技术规范》的要求；测控、故障录波、相量测量、电能表等装置采样值报文可采用网络方式或点对点方式传输；每个间隔除应直采的保护及安全自动装置外，仍有 3 个及以上装置需接收采样值报文时，宜设置采样值网络。

（4）站控层关键设备应包括：监控系统、远动终端、一体化信息平台、智能接口机、网络通信分析系统、打印机等。站控层网络可传输 MMS 报文和 GOOSE 报文，逻辑功能上覆盖站控层之间的数据交换接口、站控层与间隔层之间的数据交换接口。

（5）间隔层关键设备应包括：测控装置、保护装置、故障录波器、电能计量装置、区域稳定装置等。间隔层由若干个二次子系统组成，在站控层及网络失效的情况下，仍能独立完成间隔层设备的就地监控功能。间隔层网络可传输 MMS 报文和 GOOSE 报文，逻辑功能上覆盖间隔层内数据交换接口、间隔层与站控层数据交换间隔、间隔层之间数据交换接口。

（6）过程层及一次设备包括智能终端、电子式互感器、合并单元及智能组件。

过程层网络（含 SV 和 GOOSE），逻辑功能上覆盖间隔层与过程层数据交换接口。

（7）双重化配置的保护及安全自动装置应分别接入不同的过程层星形双网结构，保证在一套网络或间隔内某一设备如合并单元、智能终端故障或检修时，仍可正常运行。单套配置的保护及安全自动装置、测控装置宜同时接入两套不同的过程层网络。应采用相互独立的数据接口控制器，以确保在一套网络故障时，仍可正常运行。对于测控装置可以获取两个网络过程层、间隔层设备的所有运行状态及告警信息。

# 第2章

# 智能变电站网络及设备功能特点

## 2.1 过程层网络

过程层主要具备运行设备的状态监测、操作控制命令执行、实时电气量采集等功能，可实现基本状态量和模拟量的数字化输入、输出。过程层网络由交换机与网络线组成，向上连接着间隔层的智能电子设备（Intelligent Electronic Device，IED），向下连接着智能接口、合并单元，扮演着联系一次设备和二次设备的角色。过程层网络包括 SV 网络和 GOOSE 网络。

### 2.1.1 SV 网络

SV 报文是由电子式互感器采集，经合并单元整合、打包，再由传输介质或交换机传送到保护装置的电气量信息。SV 网络是连接过程层设备与间隔层设备，并用于传输 SV 报文的网络。

SV 报文数据格式的演变先后历经了 3 种形式，相应地也出现了如下 3 种标准：

（1）IEC 60044-8 报文。其是最早应用于数字化变电站的采样值传输协议报文，它采用多模光纤为介质，传输速率为 2.5Mbit/s，帧长度固定为 54B，传输采样值通道数固定为 12 路，传输时间为 179μs。遵循 IEC 60044-8 的合并单元采用 FT3 格式编码，其存在通信方式落后、通信速率低等缺点，具体而言包括：最高采样率和数据带宽有限；仅支持点对点方式，无法实现数据共享，传输格式以 16B 为单位，不足部分需填充，而标准并未对如何进行字节填充做出说明，多由各厂家自行定义，应用困难等。上述缺点限制了 IEC 60044-8 在数字化变电站中的广泛使用。

（2）IEC 61850-9-1 报文。其与智能设备间采用点对点通信方式，通信速率高，可达 100Mbit/s，但跨间隔通信效率低，是 2010 年前建造的变电站主要采用的通信报文，可以看成将 IEC 60044 - 8 的数据封装为以太网数据包，并通过以太网传输。其实现相对比较容易，在早期的合并单元、控制保护等设备中有一定的应用。

（3）IEC 61850 - 9 - 2 报文。其标准的合并单元输出接口为以太网，一个光纤以太网口复用一个 RJ - 45 电气以太网口。合并单元输出的 IEC 61850 - 9 - 2 报文，与 GOOSE 同时接入间隔层的间隔交换机；主干网使用含虚拟局域网（Virtual Local Area Network，VLAN）功能的主干网交换机，配合 VLAN 技术，该方案能较好地控制网络数据流量，降低网络传输的离散时间。

目前，设备采样数据传输均采用 IEC 61850 - 9 - 2，并采用点对点的同步时钟系统或 IEEE 1588 网络时钟同步协议来实现同步采样。采样值传输网络通信模式是数字化变电站发展的方向，具有通信灵活、可靠，并可方便实现分布式保护等优点。

## 2.1.2　GOOSE 网络

GOOSE 报文采用发布者/订阅者的方式实现装置间一点对多点数据的快速传递。在继电保护系统中，GOOSE 报文一般作为跳合闸信号、开关位置信息和闭锁信号等信息的载体，在保护单元和智能终端之间传输，并最终达到控制断路器的目的。GOOSE 网络连接过程层设备与间隔层设备，并用于传输 GOOSE 报文，实现间隔层和过程层设备之间的状态与控制数据交换。

与 SV 报文相同，GOOSE 报文可以采用点对点的方式连接，也可以采用组网的方式。前者不需要交换机，但在每个保护单元和智能终端之间都要用专用的光纤连接，后者更符合 IEC 61850 标准和信息共享的原则，但在网络流量过大时会对跳合闸的实时性产生影响，因此一般赋予 GOOSE 报文较高的优先级，从而保证其可靠传输。

## 2.1.3　过程层网络组网方式

过程层网络拓扑一般可分为总线型网络、环形网络、星形网络 3 种主要方式。其中，总线型网络可靠性最低，网络延迟大，造价最低；星形网络可靠性较低，网络延迟最小，造价适中；环形网络可靠性较高，网络延迟较大，但造价也最高。目前，国内智能变电站工程组网时大多选择了星形结构，以实现性能和造价的最优化。过程层网络涉及全站的数据源和开关的控制，对全站的稳定运行起着重要作用。过程层网络的组网方式对智能变电站安全可靠运行起到决定性作用，根据SV 和 GOOSE 方式的不同主要有以下五种：

**1.** SV 直连和 GOOSE 直连

此方式的实现与传统变电站的电缆连接方式极为类似，区别是当前的直连（也称点对点）全部更换成光缆连接，即采用 SV 点对点与 GOOSE 跳闸点对点类似的设备直连、不经过网络交换机的方式。SV 和 GOOSE 的实现原理及方式保持不变，其结构示意图如图 2-1 所示。

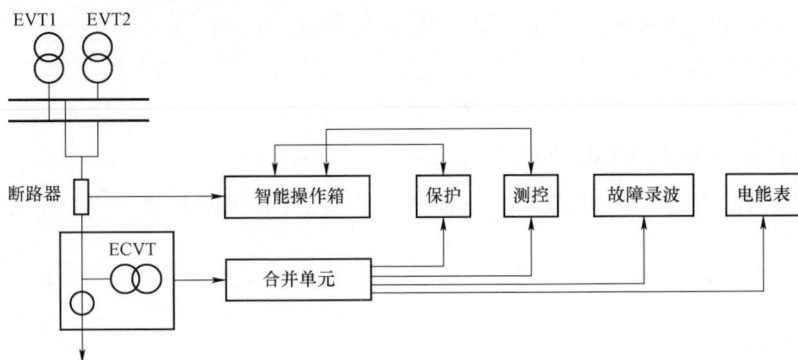

图 2-1　SV 直连和 GOOSE 直连结构示意图

此方式虽然能够保证数据传输的可靠性，但是采样值数据无法实现共享，直连需要 IED 同时提供多个网络电接口或光接口，增加了设备的成本，而且设备发热量大，光缆用量也较大。若合并单元或智能操作箱底下放置一次设备，则此方式仍可采用；若进行集中配置，如典型的组屏配置，则无形中增加了光缆的连接数量，此方式不适合采用。

**2.** SV 直连和 GOOSE 组网

此方式 SV 采用点对点，但通过网络方式跳闸，与跳闸点对点相比，在一定程度上实现了数据传输的网络化，并具有较高的自动化程度。其结构示意图如图 2-2 所示。

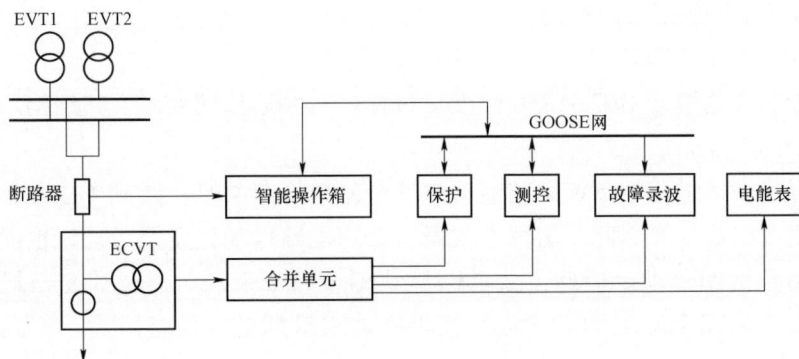

图 2-2　SV 直连和 GOOSE 组网结构示意图

采用此方式实现 SV 点对点时，仍然无法实现采样的数据共享，但过程层网络跳闸有利于减少光缆连接。实现 GOOSE 网跳闸符合 IEC 61850 标准对 GOOSE 网的使用要求，也符合智能开关设备接收 GOOSE 网跳闸命令的趋势。若开关设备进行智能化升级改造，GOOSE 网也能满足这一要求，体现了 IEC 61850 标准通用性和可扩展性的特点。此方式在早期数字化变电站建设中已有工程应用经验，尤以 220kV 等级变电站居多。以浙江外陈变 220kV 变电站为例，其过程层开关跳闸全部通过 GOOSE 网来实现。工程实践证明，在网络重负荷情况下 GOOSE 网跳闸命令也能够实时传送。

**3.** SV 组网和 GOOSE 直连

此方式仅涉及 SV 网的实现，有利于 SV 网的数据共享。其结构示意图如图 2-3 所示。

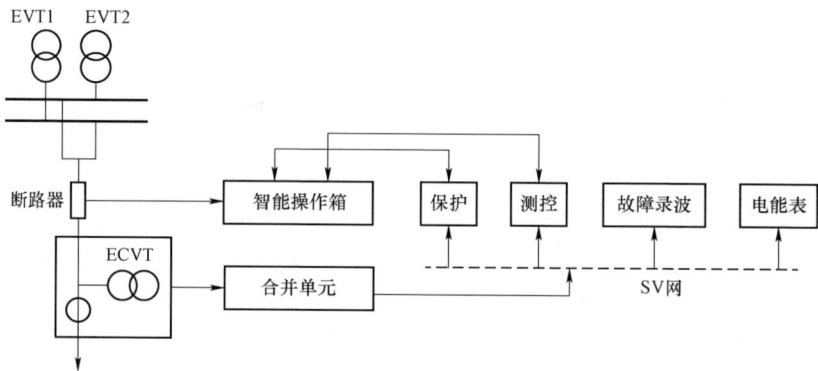

图 2-3　SV 组网和 GOOSE 直连结构示意图

此方式主要出现在早期数字化变电站建设阶段，由于 GOOSE 网跳闸的性能和可靠性还未得到广泛推广，初期数字化的实现着重于电子式互感器的应用，因而多关注于 SV 数据网的构建。

**4.** SV 组网和 GOOSE 组网

此方式完全符合 IEC 61850 标准对过程层网络通信的要求。其结构示意图如图 2-4 所示。

此方式中，过程层 SV 组网能够实现全站数据的共享，跳闸 GOOSE 组网也能够实现网络跳闸。因此，这种方式既符合变电站自动化发展方向，也能满足智能变电站组网的要求。但此方式的网络结构较为复杂，所需要的交换机数量较多，且双重化冗余配置的方式使交换机的需求量翻倍，投资巨大，全站二次设备大部分投资都花费在购置交换机上，这是因为当前同时满足电磁兼容要求和

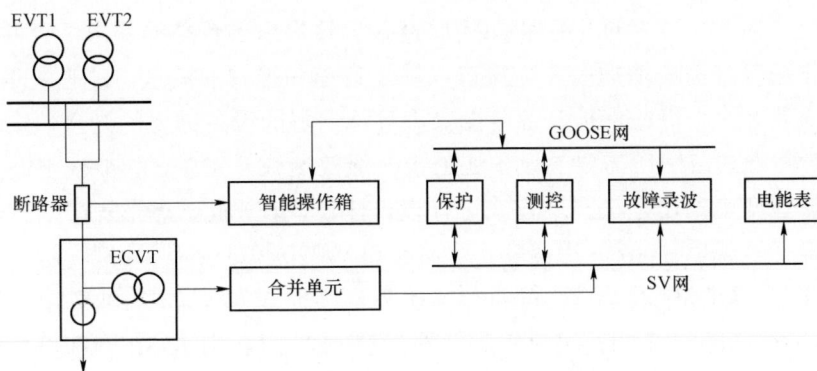

图 2-4　SV 组网和 GOOSE 组网结构示意图

IEC 61850 标准要求的交换机型号不多；同时，采样和 GOOSE 网对网络的稳定性和可靠性要求更高，这就对交换机的性能提出了较高的要求，而满足这一要求的产品价格都很昂贵。因此，当前采用此方式的变电站投资都相当大。

**5.** 混合组网

混合组网方式是结合上述几种方式、根据实际工程的运用灵活进行调整的一种组网方式。在此介绍一种保护采样和跳闸点对点，其余通过组网方式实现的混合组网方式。其结构示意图如图 2-5 所示。

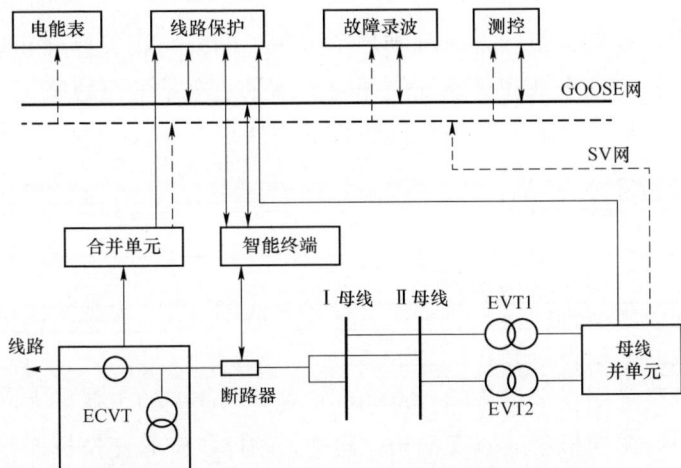

图 2-5　智能变电站保护设备组网结构示意图

此方式主要考虑保护装置安全可靠性的要求，尽量避免因为网络故障而导致保护功能失效。此方式在《智能变电站继电保护技术规范》中有明确的定义，即除了保护装置外，其余的测控、网络分析、录波等设备仍然采用组网的方式实现。

虽然如此，但此方式对过程层和间隔层设备仍然提出了较高的要求，合并单元、智能操作箱等都需要增加多个光接口以满足直连和组网的需求。目前，设备光接口至少需要 8 个，母线保护、备自投保护等跨间隔的设备需要的光接口更多。目前，针对此方式组网所需要的设备还处于升级改造或开发中，智能变电站第一批试点的一些变电站已经按照此方式进行设计建设，第一批试点工程中已有部分产品投入运行。现以 500kV 等级变电站（500kV/220kV/35kV）为例，除了保护装置的采样和 GOOSE 网通过光缆直接连接外，其他 500kV 和 220kV 电压等级设备的 SV 网和 GOOSE 网都可以单独组网，其中 SV 网和 GOOSE 网都可采用星形网络，由于 220kV 及以上等级变电站保护双套冗余，为避免相互影响，2 套设备独立组网。当 500kV 母线采用 3/2 接线方式时，过程层交换机按串配置。对于 35kV 电压等级的间隔，要根据现场情况进行设计。若采用保护测控一体化设备并且下方有开关，则可采用点对点方式进行组网；若采用保护测控一体化设备但组屏建设，则可以分别组建 SV 网和 GOOSE 网，或 SV 网、GOOSE 网和 IEEE 1588 标准对时共网（也有称为"三网合一"）。但此方式投入较大，对于 35kV 等级 GOOSE 网可采用站控层网络进行传输。全站对时方式可采用较为成熟的 IRIG-B 码对时，也可尝试在各电压等级的 SV 网和 GOOSE 网中实现 IEEE 1588 标准对时，此时只需通过网络与主时钟连接即可，但要求设备和交换机都需支持 IEEE 1588 标准。

总体看来，混合式组网方式既满足了国家电网公司相关标准和规范的需求，同时也在提高保护安全性和可靠性的基础上满足了全站信息数字化、标准化和网络化的要求，将成为今后智能变电站建设的主要组网方式。

## 2.2    站控层网络

站控层网络是间隔层设备和站控层设备之间的网络，实现站控层内部及站控层与间隔层之间的数据传输。

站控层网络采用星形结构的 100Mbit/s 或更高速度的工业以太网；网络设备包括站控层中心交换机和间隔交换机。其中，站控层中心交换机连接数据通信网关机、监控主机、综合应用服务器、数据服务器等设备；间隔交换机连接间隔内的保护、测控和其他 IED。间隔交换机与站控层中心交换机通过光纤连成同一物理网络。站控层和间隔层之间的网络通信协议采用 MMS，因此也称为 MMS 网络。网络可通过划分 VLAN 分隔成不同的逻辑网段。

## 2.3　过程层设备

### 2.3.1　电子式互感器

**1.** 电子式互感器的基本概念

一般将有别于传统的电磁型电压/电流互感器的新一代互感器统称为电子式互感器。电子式互感器依其变换原理可分为有源和无源两大系列。其中，有源电子式互感器又称为电子式电压/电流互感器（Electronic Voltage Transformer/Electronic Current Transformer，EVT/ECT），其特点是需要向传感头提供电源，主要是以罗柯夫斯基（Rogowski）线圈（以下简称罗氏线圈）为代表，它在户外、空气绝缘变电站应用时，要解决处于高位电力设备的供电问题和信号从高电位到低电位的传送问题；无源电子式互感器主要指采用法拉第效应（Faraday Effect）光学测量原理的互感器，又称为光学式电压/电流互感器（Optial Voltage Transformer/Optial Current Transformer，OVT/OCT），其特点是无须向传感头提供电源。两种电子互感器的结构如图 2-6 和图 2-7 所示。

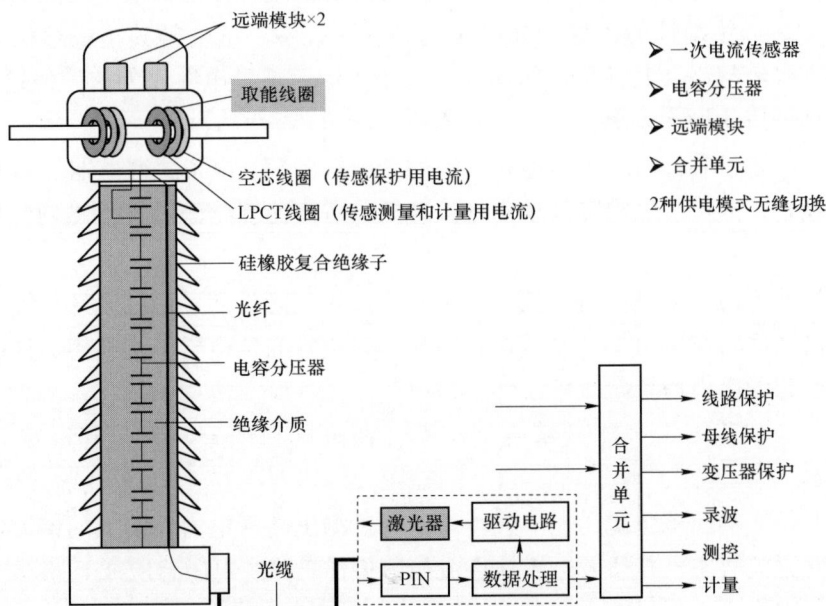

图 2-6　有源电子式互感器的结构

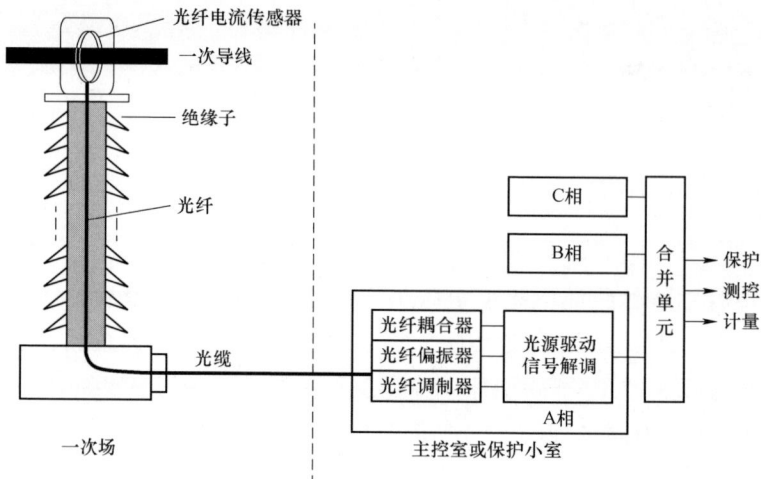

图 2-7  无源（光学）电子式互感器的结构

电子式互感器能够直接提供数字信号，信号通过光纤传输到一个合并单元，合并单元对信号进行初步处理，然后以 IEC 61850 标准将数据上传至保护、测控、计量等系统。

与传统电磁感应式互感器相比，电子式互感器具有以下特点：

（1）高低压完全隔离，安全性高，具有优良的绝缘性能。电子式互感器将高压侧信号通过绝缘性能很好的光纤传输到二次设备，这使得其绝缘结构大大简化，电压等级越高，其性价比越明显，采用光缆而不是电缆作为信号传输工具，实现了高低压的彻底隔离。

（2）不含铁芯，消除了磁饱和与铁磁谐振等问题。电子式互感器一般不用铁芯做磁耦合，消除了磁饱和与铁磁谐振现象，从而使互感器运行暂态响应好、稳定性高。

（3）抗电磁干扰性能好，低压侧无开路高压危险。信号通过光纤传输，高压回路和二次回路在电气上完全隔离，因此具有较好的抗电磁干扰能力，且低压侧无开路引起的高电压危险。

（4）动态范围大，测量精度高。不存在磁饱和现象，因此有很宽的动态范围。

（5）频率响应范围宽。电子式互感器可以测出高压电力线路上的谐波，还可进行电网电流暂态、高频大电流与直流的测量，而传统电磁感应式互感器难以进行这方面工作。

（6）没有因充油而潜在的易燃、易爆等危险。

（7）体积小、质量小。

**2.** 电子式互感器的技术原理

（1）有源电子式互感器系统。

对于有源电子式互感器，目前成熟产品均采用光纤供能方式。

罗氏线圈原理：罗氏线圈是一种成熟的测量元件。其实质是一种特殊接头的空心线圈，将测量导线均匀地绕在截面均匀的非磁性材料的框架上构成。它根据被测电流的变化，感应出被测电流变化的信号，其特点在于被测电流几乎不受限制，反应速度快，可以测量前沿上升时间为纳秒级的电流，且精度高达 0.1%。有源电子式电流互感器高压侧有电子电路构成的电子模块，该电子模块采集线圈的输出信号后，首先经滤波、积分变换及 A/D 转换将其变为数字信号，并通过电光转换电路将数字信号变为光信号，然后通过光纤将信号送至二次侧供继电保护、测控和电能计量等 IED 使用，罗氏线圈原理和实物如图 2-8 和图 2-9 所示。有源电子式电流互感器高压侧的电子模块需要工作电源，利用激光供能技术实现对高压侧电子模块的供电是目前普遍采用的方法，这也是有源电子式互感器的关键技术之一。

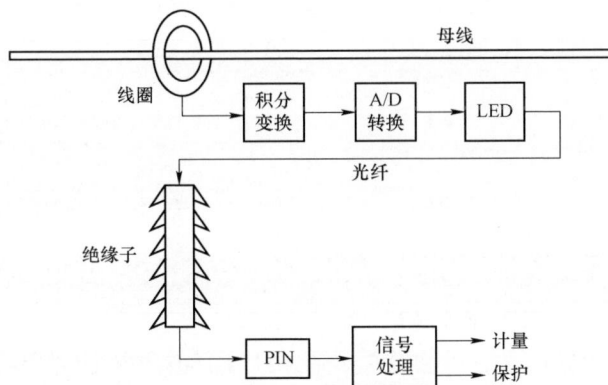

图 2-8　罗氏线圈原理图

低功率电流互感器（Low Power Current Transformer，LPCT）：采用铁芯线圈的 LPCT 是常规感应式电流互感器的发展，变电站二次系统的电子设备要求的输入功率很低，LPCT 可以满足体积很小但测量范围却很广的要求，如图 2-10 所示。

有源电子式电压互感器：根据使用场合不同，有源电子式电压互感器一般采用电容分压或电阻分压技术，利用与有源电子式电流互感器类似的电子模块处理信号，使用光纤传输信号，如图 2-11 所示，其中，$U_2=(C_1 \cdot U_1)/(C_1+C_2)$。

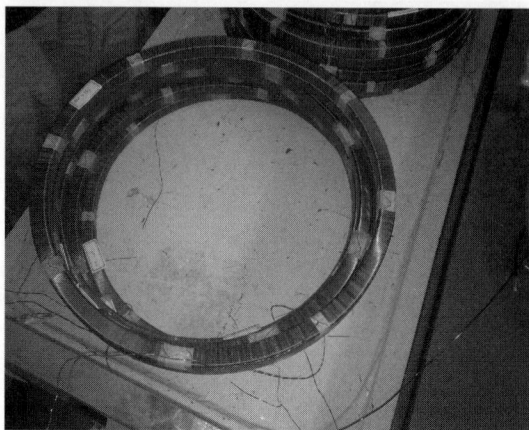

图 2 - 9 罗氏线圈实物图

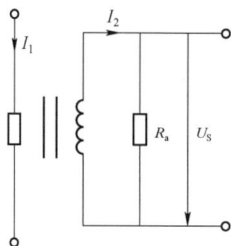

图 2 - 10 低功率电流互感器原理图

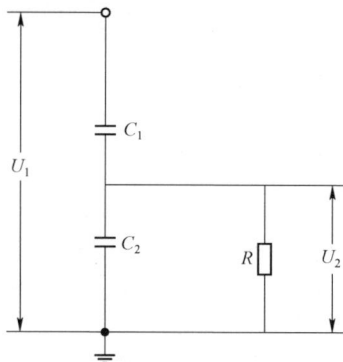

图 2 - 11 有源电子式电压互感器原理图

（2）无源互感器系统。无源互感器主要分为两大类：基于磁光效应的开环互感器及纯光纤原理的闭环互感器。

法拉第效应原理：光学式电流互感器采用了法拉第效应光学测量原理并采用光纤传送数字信号，电光效应的变换器一般采用旋光原理来对电流进行测量，其中应用最多的是法拉第效应。其原理为线性偏振光通过在磁场环境下的介质时，偏振的方向会发生旋转，如图 2 - 12 所示。

萨格纳克效应（Sagnac Effect）原理：萨格纳克效应揭示了同一个光路中两个对向传播光的光程差与其旋转速度的解析关系。

普克尔斯效应（Pockels Effect）原理：某些晶体在没有外加电场作用时是各向同性的，而在外加电压作用下，晶体变位各向异性，从而导致其折射率和通过晶体的光偏振态发生变化，产生双折射，一束光变成两束线偏振光，这就是普克尔斯效应。其揭示了晶体折射率是随外加电压呈线性变化的。普克尔斯效应有两

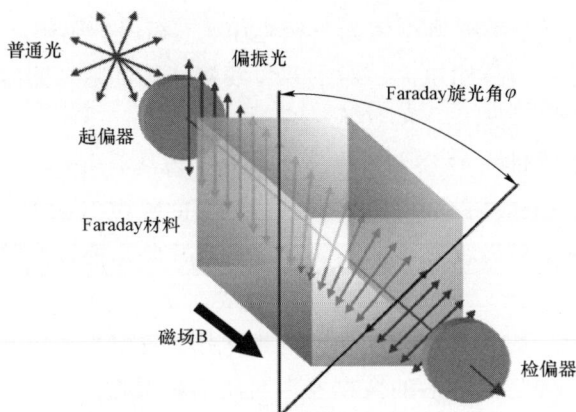

图 2-12　法拉第效应原理图

种工作方式：一种是通光方向与被测电场方向重合，称为纵向普克尔斯效应；另一种是通光方向与被测电场方向垂直，称为横向普克尔斯效应。

逆压电效应原理：逆压电效应是材料所受的机械能和电能转化的一种现象，这是压电材料晶格内原子特殊的排列方式使它自身内部的应力场与电场耦合的结果。逆压电效应反映了晶体的弹性性能与介电性能之间的耦合。当在压电晶体上加一电场时，晶体不仅要产生极化，还要产生应变和应力，这种由电场产生应变或应力的现象称为逆压电效应。

## 2.3.2　合并单元

### 1. 合并单元的基本概念

IEC 标准定义了接口的重要组成部分——合并单元（Merging Unit，MU），并严格规范了它与保护测控设备的接口方式。合并单元是过程层的关键设备，是对一次互感器传输过来的电气量进行合并和同步处理，并将处理后的数字信号按照特定格式转发给间隔层设备使用的装置。合并单元可以是互感器的一个组成件，也可以是一个分立单元。它在一定程度上实现了过程层数据的共享和数字化，它作为遵循 IEC 61850 标准的数字化变电站间隔层、站控层设备的数据来源，作用十分重要。随着数字化变电站自动化技术的推广和工程建设，对合并单元的功能和性能要求越来越高。

合并单元主要特点如下：合并单元到 IED 之间采取高速单向数据连接，采用 32 位循环冗余校验码（Cyclic Redundancy Check，CRC）的数字电路实现采样数据校验；具有高速采样率，每周波采样频率达 80 或 256 点；物理层采用光纤；数据层支持 100Mbit/s 以太网。变压器、电容器等间隔电气量采集，发送一个间隔的电气量数据。电气量数据典型值为三相电压、三相保护用电流、三相测量电流、同期电压、零序电压、零序电流。对于双母线接线的间隔，间隔合并单元根据间隔隔离开关位置自动实现电压的切换输出。

合并单元按照功能一般分为间隔合并单元和母线合并单元。

间隔合并单元用于线路、变压器和电容器等间隔电气量采集，发送一个间隔的电气量数据。对于双母线接线的间隔，间隔合并单元根据间隔隔离开关位置自动实现电压切换输出。

母线合并单元一般采集母线电压或同期电压。在需要电压并列时可实现各段母线电压的并列，并将处理后的数据发送至所需装置使用。

**2.** 合并单元的技术原理

（1）电气量采集技术。合并单元电气量输入的可能是模拟量，也可能是数字量。合并单元一般采用定时采集方法对外部输入信号进行采集。

模拟量采集：合并单元通过电压、电流变送器，直接对接入的传统互感器或电子式互感器的二次模拟量输出进行采集。模拟信号经过隔离变换、低通滤波器后进入中央处理单元（Central Processing Unit，CPU）采集处理并输出至 SV 接口。

数字量采集：合并单元采集电子式互感器，数字输出信号有同步和异步两种方式。采用同步方式时，合并单元向各电子式互感器发送同步脉冲信号，电子式互感器收到同步脉冲信号后，对一次电气量开始采集、处理并发送至合并单元。采用异步方式时，电子式互感器按照自己的采样频率进行一次电气量采集、处理并发送至合并单元，合并单元必须处理采样数据同步问题。

采样数据同步：由于数据从互感器输出到合并单元存在延时，且不同的采样通道间隔的延时还可能不同，再考虑电磁式互感器和电子式互感器的混合接入情况，为了能够给保护等提供同步的数据输出，需要合并单元对原始获得的采样数据进行数据的二次重构，即重采样过程，以保证输出同步的数据。

（2）接口与协议。合并单元的输出接口协议主要有 IEC 60044-8 和 IEC 61850-9-2 通信协议，输入接口（即与互感器之间的通信）协议一般采用自定义规约，如图 2-13 所示。

（3）状态量采集与发送。合并单元状态量（开入量）输入可自身直接采集，或经 GOOSE 通信采集。

（4）合并单元时钟同步。合并单元时钟同步的精度直接决定了合并单元采样值输出的绝对相位精度，一般要求对时精度优于 $\pm 1\mu s$。目前，合并单元广泛采用 IRIG-B 码对时，另外，IEC 61588（IEEE 1588）对时方式在智能变电站中也有一定范围的应用。

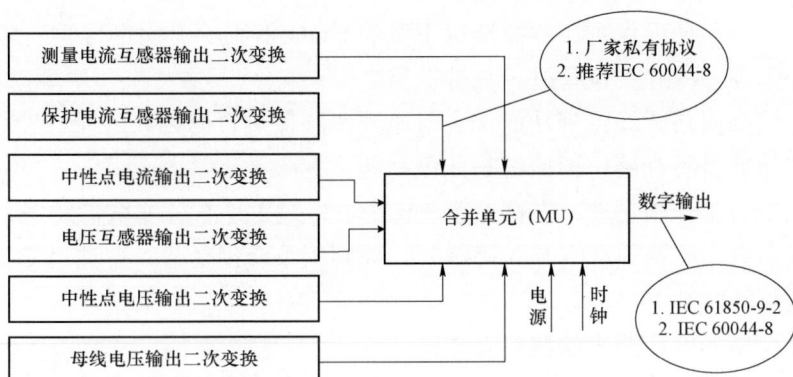

图 2−13　合并单元的外部接口

（5）合并单元失步到同步实现。合并单元在外部时钟从无到有的过程中，其采样周期的调整及同步标志的置位时刻将影响到后续保护的动作特性。因此，一般要求在合并单元时钟同步信号从无到有变化过程中，其采样周期调整步长应不大于 1μs。

（6）合并单元守时。合并单元要求在时钟丢失 10min 内，其内部时钟与绝对时间偏差保证在 4μs 内。

### 2.3.3　智能终端

**1.** 智能终端的基本概念

智能终端是一种智能组件。其与一次设备采用电缆连接，与保护、测控等二次设备采用光纤连接，实现对一次设备（如断路器、隔离开关、主变压器等）的测量、控制等功能。

智能终端作为现阶段智能变电站过程层设备，主要完成：① 一次设备断路器、主变压器的数字化接口改造，实现一次设备信息的就地采集和上传；② 接收并下传间隔层设备的命令，完成对一次设备执行机构的驱动。装置一般就地安装于开关场地或主变压器旁的智能终端柜中，兼有传统操作箱功能和部分测控功能。根据控制对象的不同，智能终端可以分为断路器智能终端和主变压器本体智能终端两大类。

断路器智能终端与断路器、隔离开关及接地开关等一次设备就近安装，完成对一次设备（含断路器操动机构）的信息采集和分合控制等功能。其主要功能包括：

（1）采集断路器位置、隔离开关位置等一次设备的开关信息，以 GOOSE 通信方式上传给保护、测控等二次设备。

（2）接收和处理保护、测控装置下发的 GOOSE 命令，对断路器、隔离开关和接地开关等一次开关设备进行分合操作。

（3）控制回路断线监视功能，实时监视断路器跳合闸回路的完好性。

（4）断路器跳合闸压力监视与闭锁功能。

（5）闭锁重合闸功能：根据遥跳、遥合、手跳、手合、非电量跳闸、保护永跳、装置上电、闭锁重合闸开入等信号合成闭锁重合闸信号，并通过 GOOSE 通信上传给重合闸装置。

（6）环境温度和湿度的测量功能。

另外，断路器智能终端又可分为分相智能终端和三相智能终端。分相智能终端与采用分相操动机构的断路器配合使用，一般用于 220kV 及以上电压等级；三相智能终端与采用三相联动操动机构的断路器配合使用，一般用于 110kV 及以下电压等级。

主变压器本体智能终端与主变压器、高压电抗器等一次设备就近安装，完成主变压器分接头挡位测量与调节、中性点接地开关控制、本地非电量保护等功能。其功能主要包括如下几种：

（1）采集一次设备的状态信息，包括中性点接地开关位置、主变压器分接头挡位、非电量动作信号等，通过 GOOSE 上传给保护、测控等二次设备。

（2）接收和处理保护、测控装置下发的 GOOSE 命令，完成起动风冷、接地开关分合操作、主变压器分接头调挡等功能，并提供闭锁调压、起动充氮灭火等出口触点。

（3）非电量保护功能。所有非电量保护起动信号均经大功率继电器重动，且具备 220V 工频交流串扰能力。

（4）环境温湿度、主变压器本体油面温度和绕组温度等测量功能。

**2.** 智能终端的技术原理

智能终端的技术原理介绍如下：

（1）开关量采集。智能终端的开关量输入采用 DC220V/110V 强电方式，外部强电与装置内部弱电之间具有电气隔离。装置对开入信号进行硬件滤波和软件消抖处理，将软件消抖前的时标作为 GOOSE 上传的开入变位时标。

（2）主变压器本体智能终端通常还要采集主变压器分接头挡位开入信息，然后按照 BCD 编码（或其他编码）计算后，将得到的挡位值通过 GOOSE 上传给测控装置。

（3）直流量采集。智能终端能够实时检测所处环境的温度和湿度，主变压器本体智能终端还能够实时采集变压器的油面温度、绕组温度等信息。这些信息由安装于一次设备或就地智能柜中的传感元件输出，通常采用 0～5V 或 4～20mA 两种方式。

（4）一次设备控制。断路器智能终端具备断路器控制功能，包含跳合闸回路、合后监视、闭锁重合闸、操作电源监视和控制回路断线监视等功能。断路器操作回路支持其他间隔层或过程层装置通过硬触点的方式接入，进行跳合闸操作。

（5）智能终端提供大量的开关量输出触点，用于控制隔离开关、接地开关等设备。主变压器本体智能终端还提供启动风冷、闭锁调压、调档等输出触点。

（6）主变压器本体智能终端集成了本体非电量保护功能，通常采用大功率重动继电器实现。非电量保护跳闸出口通过控制电缆直接接至断路器智能终端进行跳闸。

（7）GOOSE 通信。智能终端与间隔层的 IED 的通信功能通过 GOOSE 传输机制完成。保护和测控等间隔层设备对一次设备的控制命令通过 GOOSE 通信下发给智能终端，同时智能终端以 GOOSE 通信方式上传就地采集到的一次设备状态，以及装置自检、告警等信息。对于智能终端，要求其从保护控制设备接收到的 GOOSE 跳闸报文后，到对应的出口继电器输出整个过程的时间不大于 7ms；而且从开入电路检测的输入信号发生变化后，到 GOOSE 报文输出整个过程的时间不大于 5ms。

（8）事件记录。智能终端本身具有强大的事件记录功能，记录的信息完整详细，且要求记录的时间要准确（达到 1ms 级），以便故障发生后进行追溯和分析。

## 2.4 间隔层设备

### 2.4.1 继电保护装置

继电保护装置是指能反映电力系统中电气元件发生故障或不正常运行状态，并动作于断路器跳闸或发出信号的一种自动装置。其主要完成以下任务：

（1）自动、迅速、有选择地将故障元件从电力系统中切除，使故障元件免于继续遭到破坏，保证其他无故障部分迅速恢复正常运行。

（2）反映电气元件的不正常运行状态，并根据运行维护的条件（如有无经常值班人员），而动作于信号、减负荷或跳闸。此时，一般不要求保护迅速动作，而是根据对电力系统及其元件的危害程度规定一定的延时，以免不必要的动作和由于干扰而引起的误动作。

适用于智能变电站的保护和测控装置与传统装置相比，主要区别在于这些智能化二次设备配置了能够接收电流、电压数字信号的光纤接口和（或）能够通过 GOOSE 网络交换开关信号的光纤以太网接口，具体如表 2-1 所示。

表 2-1　　　　　　智能变电站保护与常规变电站保护硬件的区别

| 插件名称 | 常规站保护 | 智能站保护 |
| --- | --- | --- |
| CPU 插件 | 有 | 有，且类似 |
| 光纤接口/扩展插件 | 无 | 有 |
| 交流输入变换插件 | 有 | 无 |
| 低通滤波插件 | 有 | 无 |
| 通信插件 | 有 | 有，MMS |
| 显示面板 | 有 | 有，且类似 |
| 电源插件 | 有 | 有，且相同 |
| 24V 光耦插件 | 有 | 有，开入量减少 |
| 强电光耦插件 | 有 | 无 |
| 信号继电器插件 | 有 | 无 |
| 继电器出口插件 | 有 | 无 |

另外，在运行方面，智能变电站继电保护装置与常规变电站继电保护装置还存在以下主要差别：

（1）新增了电子式互感器、合并单元、智能终端、交换机、网络分析仪、在线监测等与继电保护相关的装置或系统。

（2）使用光纤接口/扩展插件，替代交流、低通滤波及出口继电器等模拟输入/输出插件。

（3）取消保护功能投退硬压板、出口和开入回路硬压板，只保留检修和远方操作硬压板，新增了 SV 投入、GOOSE 接收和出口、投退保护功能、远方控制、远方修改定值区、远方修改定值等软压板。

（4）使用光纤代替电缆。较多使用光纤，大幅减少二次电缆，增加了光纤配线架（Optical Distribution Frame，ODF）、盘线架、绕线盘等辅助设备。

总体而言，智能变电站改变的只是输入/输出的接口，以及传输信息的介质和途径，而继电保护的原理、功能并没有改变。

## 2.4.2　智能测控装置

测控装置主要完成交流采样、测量、防误闭锁、同期检测、就地断路器紧急操作和单接线状态及测量数字显示等功能，对运行设备的信息进行采集、转换、处理和传送。其基本功能包括：

（1）采集模拟量、接收数字量，并发送数字量。

（2）选择、返校、执行功能，接收、返校并执行遥控命令；接收执行复归命令、遥调命令。

（3）合闸同期检测功能。

（4）本间隔顺序操作功能。

（5）事件顺序记录功能。

（6）功能参数的当地或远方设置。

（7）遥控回路宜采用两级开放方式抗干扰。

智能变电站测控装置与传统变电站测控装置的主要区别在于：

（1）具有独立的 GOOSE 接口、采样值（Sampled Value，SV）接口和 MMS 接口。

（2）采用 GOOSE 协议实现间隔层防误闭锁功能。

（3）具有在线自动检测功能，并能输出装置本身的自检信息报文，具体自动化系统状态监测接口。

（4）与智能变电站继电保护装置一样，测控装置仅保留检修硬压板和远方操作硬压板。

（5）具备接收 IEC 61588 或 IRIG – B 码时钟同步信号的功能，装置的对时精度误差应不大于 ±1ms。

## 2.4.3　网络报文记录分析仪

网络报文记录分析仪是智能变电站通信记录分析设备，可对网络通信状态进行在线监测，并对网络通信故障及隐患进行告警，有利于及时发现故障点并排查故障；同时，能够对网络通信信息进行无损全记录，以便于重现通信过程及故障；具有故障录波分析功能，当系统故障时，对系统一次电压、电流波形及二次设备的动作行为以 COMTRADE 等标准化格式进行记录，便于事后离线分析。

智能变电站网络报文记录分析仪具有以下特点：

（1）透明性监测单向接收报文，不对原有网络发送任何报文，因而不会对原有系统构成任何伤害，安全性极高。

（2）海量信息处理，能够接收并处理整个变电站内大量的、不确定的通信报文，处理方式包括报文存储解析、数据在线及离线分析、一次系统工况再现、信息检索及管理等。

（3）精准时标，支持 IRIG – B 码和简单网络时间协议等多种时钟源对时，能够为每条报文打上高精度时间戳，可为事故分析的逻辑时序提供依据。

（4）全面支持变电站配置描述（Substation Configuration Description，SCD）文件。SCD 文件全面描述了全站所有设备及其链路关系，结合 SCD 文件来解析通信报文，相当于具备了把计算机语言翻译成人类语言的能力，用肉眼能够看得懂的信息来表现变电站的运行状况，将 SCD 文件与网络报文分析技术相结合的技术有利地促进了 IEC 61850 语言在智能变电站中的工程应用。

## 2.5　站控层设备

智能变电站站控层主要设备为一体化信息平台，而一体化信息平台主要包括设备健康状态监测系统（设备状态可视化）、智能告警与故障自动分析系统和一键式顺序控制系统等高级应用功能，以提升自动化水平，减少运行维护的难度和工作量。

一体化信息平台将相关设备的测量、控制、计量、监测、保护信息进行一体化融合，并将智能组件的诊断结果报送（包括主动和应约）到调度系统，为调度决策和高压设备事故预案的制定提供重要信息基础。智能组件也可以从一体化信息平台获取宿主设备的其他状态信息。一体化信息平台主要包含以下几个功能子系统：

（1）运行监控系统，主要完成测量功能、记录功能、监视功能、控制功能。

（2）智能操作票系统，包含操作票智能开票、操作票三审流程、操作票执行、操作票管理、操作票仿真、人员及权限管理。智能操作票系统中应包括顺序控制系统的应用功能，顺序控制系统的操作应经过智能操作票系统进行防误校验。

（3）顺序控制，指遵循一定的五防规则实现的现场过程层设备的顺序控制操作，以及操作票的自动顺序的执行。顺序控制的逻辑一般在现场的就地装置上实现，就地装置上可实现各种运行状态的转换和逻辑闭锁功能，即过程层采集，就地判别。监控系统依据装置中定义的顺序控制逻辑和状态切换条件，预先编辑顺序控制操作票（包含特定的闭锁条件）。

（4）智能告警与分析系统，主要完成告警信息的分层分类、告警信息结合专家系统形成综合性告警分析结论功能。

（5）故障信息综合分析决策系统，主要完成综合分析保护事件、相量测量、录波信息等功能，形成故障信息综合分析简报。故障信息综合分析简报上传远方监控主站。

（6）负荷与无功优化控制。接收调度主站下发的电压或无功指令，选择合适的站内调节策略。使用站内的调压或无功投切等手段实现变电站的无功优化控制。

（7）智能巡检系统。利用可见光摄像机和红外热像仪对变电站的一次设备的外观和热缺陷进行检测。运行人员可通过机器人在后台进行设备巡视，或对车体、云台、红外及可见光摄像仪进行手动控制，实现变电站设备巡视的远方操作和本体操作。

遵循 IEC 61850 的 IED 之间的通信行为可通过变电站配置描述语言（Substation Configuration Language，SCL）文件进行配置。智能变电站自动化系统是"三层两网"的基本结构：站控层、间隔层、过程层，站控层网络和过程层网络。站控层与间隔层之间通过站控层网络通信，遵循 MMS 规范；间隔层与间隔层、间隔层与过程层之间通过 GOOSE 协议传输开关量信号，通过 IEC 61850 – 9 – 2 传输采样值。MMS 是基于 TCP/IP 的点对点传输协议，通信设备间应首先建立 TCP/IP 链路；GOOSE 和 SV 属于组播（多播）报文，采用发布/订阅机制。其中，发布/订阅及 SCL 文件与报文参数的对应关系是本书的重点。

## 2.6　智能一次设备

### 2.6.1　智能隔离断路器

**1.** 智能隔离断路器的基本概念

随着断路器设备技术的进步和制造工艺的提高，断路器的可靠性越来越高，且其性能满足长时间不检修的要求，对维护的要求逐步减少。但是，受环境污染、制造工艺等因素影响，原本为方便断路器检修配置的隔离开关故障率大大提高。新一代智能变电站采用智能隔离断路器，既可以优化断路器和隔离开关的检修策略，也可以简化变电站设计，减少变电站内电力设备数量。

智能隔离断路器（Intelligent Disconnecting Circuit Breaker）是触头处于分闸位置时满足隔离开关要求的断路器，其断路器端口的绝缘水平满足隔离开关绝缘水平的要求，而且集成了接地开关，增加了机械闭锁装置以提高安全可靠性，如图 2 – 14 所示。国际上于 2005 年 10 月发布了交流隔离断路器的标准 IEC 62271 – 108：2005。该标准针对 72.5kV 及以上电压等级的隔离断路器给出了定

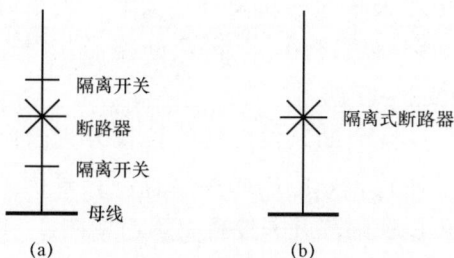

图 2 – 14　隔离断路器系统接线原理图
（a）传统的 AIS 设备；（b）隔离断路器

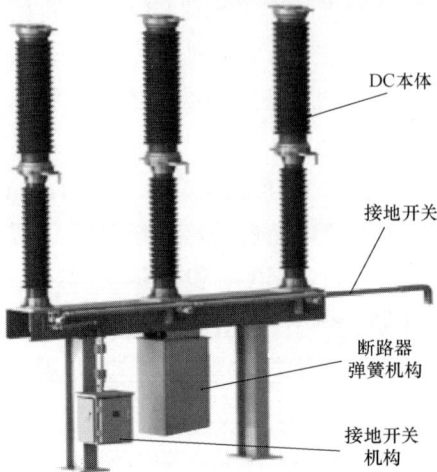

图 2-15　智能隔离断路器结构图

义和使用要求。

在隔离断路器的基础上集成接地开关、电子式电流互感器、电子式电压互感器、智能组件等部件,就形成了集成式智能隔离断路器。

**2.** 智能隔离断路器的技术原理

(1)隔离断路器的构成。一套智能隔离断路器包括本体、断路器弹簧机构、接地开关、接地开关机构和相关智能组件,如图 2-15 所示。

隔离断路器本体结构包括灭弧室、支柱、拐臂盒 3 部分,灭弧室主体结构分为瓷套、静支座、动支座、拉杆等部分,如图 2-16 所示。

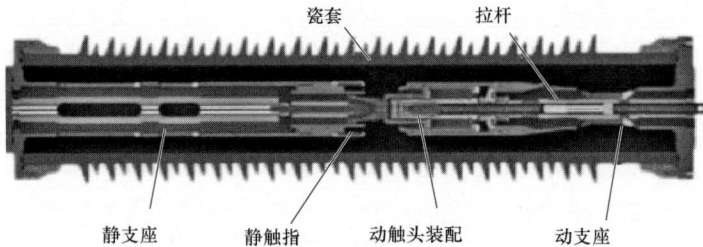

图 2-16　隔离断路器灭弧室结构图

电子式电流互感器的结构形式可分为分步安装式和整体套装式。

隔离断路器上的接地开关运动轨迹垂直于端子出线,接地开关结构内设有与隔离断路器关联的联锁装置。接地开关集成于隔离断路器线路侧,与隔离断路器共用支架,如图 2-17 所示。

隔离断路器的运行位置分为合闸位置、分闸位置、隔离闭锁位置,具有锁定系统并可以在隔离开关位置上锁,如图 2-18 所示。

隔离断路器在动作过程中仅有一套运动触头,当处于分闸位置时,传统隔离开关功能通过隔离断路器灭弧室触头来实现,

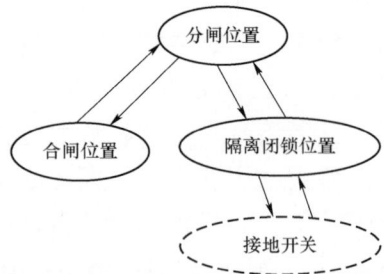

图 2-17　隔离断路器系统接线原理图

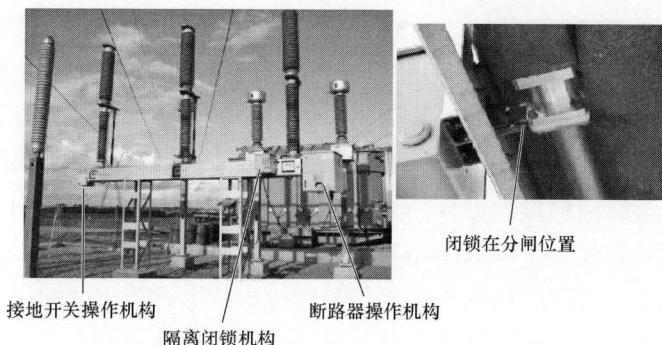

图 2-18　隔离断路器的合、分闸及闭锁位置

在隔离断路器灭弧室内，没有多余触头或部件用于隔离开关功能。隔离断路器有单相操作和三相机械联动两种操作方式，通常采用弹簧操动机构。额定电压245kV 及以下采用单断口设计，362～420kV 一般采用双断口设计。

（2）智能隔离断路器关键技术。

1）端口绝缘设计技术。根据隔离断路器设计标准要求，断路器端口的绝缘水平必须达到隔离端口要求。与普通的隔离开关相比，隔离断路器的隔离端口还要具备灭弧功能。因此，要求隔离断路器在全新状态下和使用寿命末期具有同样高的绝缘性能，触头系统在使用寿命末期必须能够维持高的绝缘水平和开断能力，这种绝缘性能不能因为使用、老化、烧蚀或表面污染而劣化。在设备设计过程中，必须充分考虑隔离断路器通过电流时的机械应力，开合过程中较大的电动力和物理烧蚀，以及机械磨损可能导致的绝缘劣化。为保证绝缘强度，需要从材料、结构和工艺三方面优化设计，确保隔离断路器在机械磨损和开断后的绝缘性能。

2）闭锁系统设计技术。隔离断路器的闭锁系统是基于安全和与传统设备的操作兼容两方面来考虑的。隔离断路器取消了隔离开关，集成了接地开关，设备状态有了较大改变，设备机械状态由 2 个增加到 4 个，各个状态对应系统不同的状态。合理设计的闭锁系统可确保人员安全和防止误操作。闭锁系统设计还要考虑与其他设备的配合问题。隔离断路器标准中关于"位置锁定"的规定如下：隔离断路器的设计应使得它们不能因为重力、风压、振动、合理的撞击或意外的触及操动机构而脱离其分闸或合闸位置。隔离断路器在其分闸位置应该具有临时的机械联锁装置。隔离断路器合闸、分闸对于接地开关应进行机械及电气闭锁。

3）电子式电流互感器集成安装技术。随着电子式电流/电压互感器，光学式电流/电压互感器技术的进步，为实现开关设备功能集成化创造了条件。新一代智能变电站示范工程中已经实现 126kV 隔离断路器和电子式互感器的集成。采用有源电子式电流互感器，有保护采用罗氏线圈、测量采用低功率线圈和保护测量共用罗氏线圈两种配置方式。采集器供电方式为激光电源和取能线圈双路供电。电子式电流互感器应该保证电磁兼容可靠性、机械振动可靠性、隔热可靠性。电子式电流互感器的结构形式可分为分布安装式和整体套装式。其中，分布安装式电子式电流互感器集成于隔离断路器上，线圈和采集器分散放置；整体套装式电子式电流互感器套装在隔离断路器下的接线板上，电流从中间通过，光纤通过小的绝缘支柱与地绝缘，小的绝缘支柱紧密布置在断路器支柱旁边。

4）智能化集成技术。隔离断路器的智能化集成技术的关键是传感器的集成。传感器的集成主要包括机械特性位移传感器与机构、$SF_6$ 气体特性传感器与管路、合分闸电流传感器与控制系统的集成、机构的控制系统与智能终端的集成。应实现对 $SF_6$ 气体压力、温度的监测，并通过监测断路器分合闸速度、分合闸和分合闸电流波形等机械特性，为确定断路器的机械寿命提供依据。

## 2.6.2　智能变压器

**1.** 智能变压器的基本概念

电力变压器是电力系统中重要的电气设备，是利用电磁感应的原理来改变交流电压的装置，变压器技术的发展趋势是具备超（特）高压、大容量、少油甚至无油化、智能化等特点。智能变压器是指一个能够在智能系统环境下，通过网络与其他设备或系统进行交互的变压器。配置内置或外置的各类传感器和执行器，在智能组件的管理下，保证变压器在安全、可靠、经济的条件下运行。

变压器的智能化、一体化和节能环保是新一代智能变电站的基本要求。在现阶段示范工程中应用的智能变压器仍保持"变压器本体+智能组件结构"，一次设备本体部分没有本质的变化，套管 TA 根据主接线需求取消。

智能变压器的智能化主要体现在 4 个方面：一是测量就地数字化，与运行、控制直接相关的参量，如油位、分接开关、油温等实现就地数字化测量；二是控制功能网络化，实现有载调压开关基于变电站网络的智能化控制；三是状态评估可视化，以传感器信息为基础，对变压器的运行、控制状态进行评估并形成可视信息；四是信息交互自动化，评估信息应上传至调控中心和管理系统，支持调控的协调优化控制和变压器状态检修。

智能变压器的一体化设计对传感器、智能组件及组合形式提出新的要求。传感器安装需要在设备制造时与设备本体一体化设计，对于预埋在设备内部的传感器，其设计寿命应不小于被监测设备的使用寿命；智能组件采用嵌入式模块化功能设计，在提高智能组件的抗干扰能力及电磁兼容性能的基础上，提高二次设备的使用寿命；同时在一体化设计和制造的基础上，实现一体化调试和试验。

智能变压器应满足节能环保的要求。变压器损耗在电网损耗中占很大的比重，因此使用节能型电网设备来提高电网的运营效率显得更加迫切。从全寿命周期管理的角度分析，降低变压器在全寿命周期内的损耗对降低电网的运营成本意义重大。

**2.** 智能变压器的技术原理

（1）智能变压器的构成。智能变压器是计算机技术、电力电子技术、通信技术和变压器技术不断融合的结果，如图 2-19 所示。它主要由如下几个部分组成：

1）变压器本体。变压器的基本功能是电压变换，因此其本体必须具备这一功能。变压器有油浸、干式等不同的结构之分，有铁芯与非铁芯、硅钢片与非晶合金等不同的材料选用，满足不同的应用场合需求。

2）控制器。变压器作为电网输配电的重要环节，在进行电压变换的同时，也应具有电压质量调节控制等功能，这要依靠优良性能的控制部件来实现。现有的电压质量调节实现方式分为无载调压和有载调压两种，即通过无励磁开关或机械式有载分接开关等控制部件实现有级调压。由于机械式有载分接开关寿命短、可靠性差、切换有电弧，因此实际使用效果不能满足电压调节快速、可靠动作的要求。目前，一种用于配电网的光控电子式有载分接开关已经研发成功，其可频繁动作、寿命长、响应迅速、无电弧、可分相操作的良好技术特性为电网电压稳定和变压器经济运行提供了良好的实现手段。

3）传感器。传感检测装置部分采用模块化、组合式结构，具有体积小、配置灵活、安装方便的特点。通过它，可实现对变压器运行状态的实时在线监控。传输系统可以实现变压器系统的智能通信并可以传输信号给灵活控制部件，如新型光控电子式有载分接开关，以稳定或调节电压实现最优运行。通信接口规约应采用开放性规约，符合 IEC 61850 国际标准要求。接口采用电口或光口，满足高速通信和可靠通信的要求。

4）本体控制器。作为变压器智能核心，本体控制器应有强大的数据采集、处理、通信、存储功能。其对变压器运行参数，如电压、电流、功率、功率因数、温度等进行监测，并根据控制原则实时控制，实现遥信、遥测、遥控功能。在变压器供电回路出现故障时，本体控制器还应及时报警，为检修人员快速定位和处理故障提供良好的帮助。

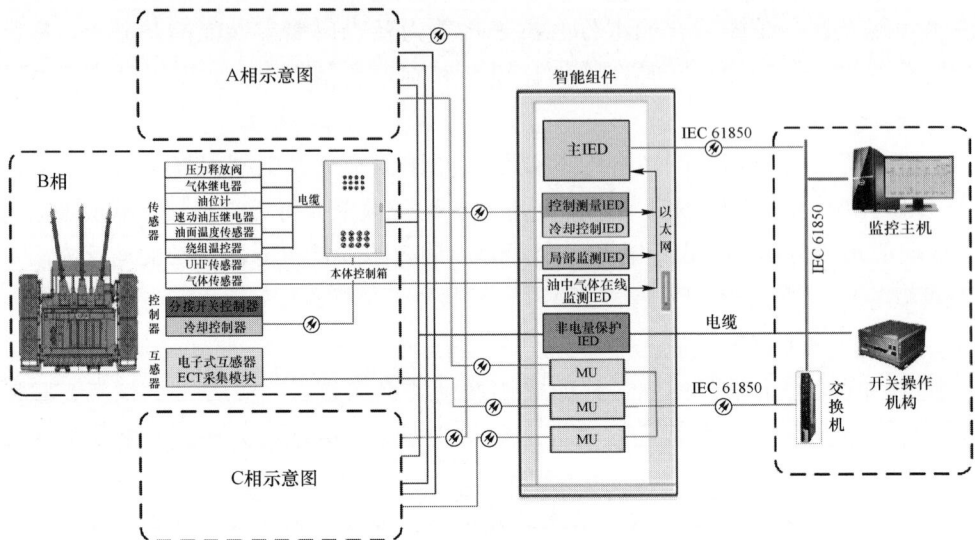

图 2-19　变压器智能化图

（2）智能变压器的功能。变压器应具有变压传输电能、稳定电压的基本功能。智能变压器相比于常规变压器，其智能化主要体现在：具有良好的通信接口、信息管理、状态诊断与评估、运行数据监测和故障报警功能，并具有与配网 SCADA 系统交换数据、负荷控制功能，以及其他高级功能，如良好的自适应能力、优化运行实现电压稳定和自动补偿功能。智能变压器各部分功能简单描述如下：

1）通信接口：采用电口 RS-485/RS-232 或光纤口，通信规约应符合 IEC 61850 国际标准。

2）信息管理：记录设备运行参数，为检修和设备管理提供信息。

3）状态诊断与评估：智能在线监测、故障诊断，实现状态检修，减少人力维护成本，提高设备可靠率。

4）运行数据监测和故障报警：实现遥信、遥测、遥控功能，并实时发送运行数据和故障报警信息；主要处理的数据有电流、电压、有功功率、无功功率、功率因数、温度、变压器使用寿命计算及其他必要的统计数据。

5）保护功能：对于内部器件损坏引起的故障应有完善的保护，并与系统的微机保护装置进行接口通信，实现保护智能化。一般采用提供交直流通用的干触点方式。

6）运行控制功能：具有优化运行，灵活控制及自适应能力。例如，实现智能温控、电压自动调整、无功补偿控制、可按照负荷情况选择变压器运行方式、按照最优经济运行曲线运行实现损耗最低。

（3）智能变压器的结构。目前，智能变压器主要覆盖 220、110kV 等电压，变压器一般为三相三绕组有载调压或无励磁调压变压器，三相三柱式铁芯结构，高压端部出线，采用电缆或架空出线方式，片式散热分体式布置的结构。

1）硅钢片采用优质高导磁硅钢片，铁芯打叠，上下轭采用不断轭片型；铁芯级间加减振胶垫；采用铁芯撑圆结构，级间用圆木棒撑紧，拉板及主级处采用撑圆纸板；铁芯绑扎采用聚酯带，侧梁增加梯形木，端面采用垫块固定；铁芯垫脚和油箱之间增加减振胶垫；硅钢片毛刺小于 0.02mm，采用铁芯预叠工艺，从而有效保证铁芯的空载性能和噪声等参数符合要求。

2）绕组导线材料采用半硬铜。高压绕组为连续式，采用三组合导线，在整个线圈高度上完成二次循环换位；中压绕组为连续式，低压绕组为单螺旋式，调压绕组为四螺旋式；中、低压绕组采用自黏性换位导线，低压绕组采用硬纸筒结构，全部绕组增加外撑条。

3）器身采用整体套装、恒压干燥工艺。低压变压器器身端圈设计有防硬纸筒滑动结构；器身压紧采用压块结构。上定位采用偏心圆结构。

4）为降低杂散损耗值，在油箱长轴方向高低压侧及短轴方向储油柜侧增加 12mm 磁屏蔽。

5）上梁增加箱盖防塌陷梯形木。

6）油箱整体结构采用钟罩式。上节油箱为槽型加强铁结构，箱壁钢板根据变压器尺寸采用定制钢板，箱壁无拼接焊缝；箱体吊攀布置在上节油箱；箱顶布置有防变形措施。箱壁取消高压、高零套管观察毛孔。

7）下节油箱为船形槽型结构，其放油阀在断路器侧，将千斤顶布置在下节油箱。

（4）智能变压器的关键技术。

1）本体结构优化技术。在变压器计算仿真的技术上，对变压器本体进行优化设计，改善变压器的结构和体积，实现变压器本体的小型化、紧凑化设计，降低损耗，保证本体的高可靠性。

2）电子式互感器集成安装技术。变压器用电子式互感器目前主要有两种安装方式：一是安装在变压器油内；二是安装在变压器本体外侧。第一种方式需要考虑线圈电场屏蔽、线圈骨架和壳体老化和绝缘、检修便利性等问题，第二种方式没有以上问题，因此目前采用的方案一般优先选择本体外侧的安装方式。

3）智能化集成技术。智能变压器需要配置必要的传感器和智能组件，以满足变压器本体测控、监测和保护的需要，实现油中溶解气体检测、有载调压开关控制、冷却器控制、绕组温度监测等功能，对变压器运行状态和控制状态进行智能评估。传感器采集变压器本体的特征参量，智能组件采集传感器信息，合并单元采集系统电压、电流数据等，按 IEC 61850 通信规约要求，以 MMS 报文和 GOOSE 报文的形式传输给测控装置、保护装置和监控后台。在接受远方控制命令进行出口控制的同时，智能组件可结合变压器的就地运行情况实现智能化的非电量保护、风冷控制、有载分接开关控制及运行状态的监视和综合判断功能。

### 2.6.3　智能 GIS

**1.** 智能 GIS 的基本概念

气体绝缘金属封闭设备（Gas Insulated Switchgear，GIS）是将变电站中的部分高压电气元件成套组合在一起，包括断路器、隔离开关、接地开关、电流互感器、电压互感器、氧化锌避雷器、主母线、出线套管、电缆连接装置、变压器直连装置和间隔汇控柜等基本元件，利用 $SF_6$ 气体优良的灭弧性能使设备得以小型化，在 110kV 以上电网中应用广泛。

为减少变电站尤其是城市中变电站的占地面积，新一代智能变电站对一次设备自身的尺寸及灵活布置、智能化程度等提出了更高要求。智能 GIS 应是具有相关测量、控制、计量和保护功能的数字化一次设备，可实现"自我参量检测、就地综合评估、实时状态预报"等自我诊断功能。智能 GIS 应提高本体监测的有效性和准确性，达到可实时监控 GIS 运行状态的目的，同时应以 GIS 为核心考虑将状态监测传感器与 GIS 进行一体化设计，使 GIS 结构更加紧凑、设计更加合理、绝缘更加可靠；在智能组件中将相关测量、控制、计量、监测、保护功能进行融合设计，实现对设备的智能化控制；进一步优化智能控制柜的结构、尺寸，使设备整体可操作性、可维护性得到全面提升。

**2.** 智能 GIS 的技术原理

（1）智能 GIS 的结构。新一代智能变电站概念设计中，智能 GIS 仍保留了"GIS 一次部分+智能组件"的结构，一次部分采用电子式互感器代替常规互感器，二次部分增加了相应智能组件。智能组件包括智能终端、MU、断路器特性监测 IED、断路器监测行程传感器、断路器监测电流传感器、$SF_6$ 气体状态监测传感器、局部放电在线监测 IED、局部放电在线监测传感器、测量 IED、监测主 IED、网络交换机等。

（2）智能 GIS 的关键技术。

1）本体结构优化技术。和传统的高压组合电器相比，国内先进的 GIS 产品应用有限元分析软件，全过程质量特性链、尺寸链分析，失效模式与影响分析等先进研发工具，在确保产品性能安全、稳定、可靠的基础上，实现了小型化的设计，可以整间隔运输。

252kV GIS 采用断路器卧式布置，整间隔成 U 形布置结构，重心低，结构紧凑，开关操作对地面冲击小，抗振性能更高，稳定性强。主母线和三工位隔离开关三相共箱，其余部件采用三相分箱结构。气体密封面和结合面减少，大大降低了漏气率。

2）电子式互感器集成安装技术。电子式互感器安装在 GIS 内部，需要考虑在强电磁干扰的影响下提供精确的测量数据。一方面，需要具备抗干扰技术，因此 GIS 用电子式互感器采用一体化屏蔽设计技术，同时对各环节的接地及远端模块抗干扰性能进行优化设计，使远端模块具有很好的抗传导干扰及抗辐射干扰能力。另一方面，需要具备良好的集成技术，因此 GIS 用电子式电流、电压互感器具有三相分箱及三相共箱两种形式，三相共箱 GIS 用电子式电流、电压互感器的电容分压器采用凸环屏蔽设计技术，很好地解决了三相电压测量间易相互影响的问题；远端模块安装于接地罐体外侧的专用屏蔽箱体内，其箱体和罐体为一体化结构，具有很好的抗电磁干扰性能，另外，远端模块采用两路独立模拟采样回路，完成双重化采样，实时比较、校验两路采样值，实现采样回路硬件自检功能，避免采样引起保护误动。

3）智能化集成技术。GIS 智能化实现方式与敞开式设备基本相同，主要在于结合一、二次设备特点，优化智能终端、合并单元与 GIS 之间的电气回路及电源供电回路，减少一、二次接口间的过渡端子及电气接线。智能终端安装于就地智能控制柜中，将断路器控制回路和智能终端的断路器操作回路进行一体化优化设计，集成"检修、就地、远方"3 种控制方式。

## 2.7　一体化电源

一体化电源系统由直流操作电源、交流电源、交流不间断电源、逆变电源、通信电源、一体化电源监控平台组成。一体化电源系统的功能结构及一体化电源设备通信连接示意图如图 2-20 和图 2-21 所示。

### 2.7.1　一体化电源系统的基础知识

**1. 系统配置**

交直流一体化电源一般采用酸性电池，目前多数采用阀控式密封铅酸蓄电池，也有少量采用铅酸胶体蓄电池。充电装置多数采用高频模块式开关电源。系统配置应充分考虑设备检修时的冗余，具体如下：

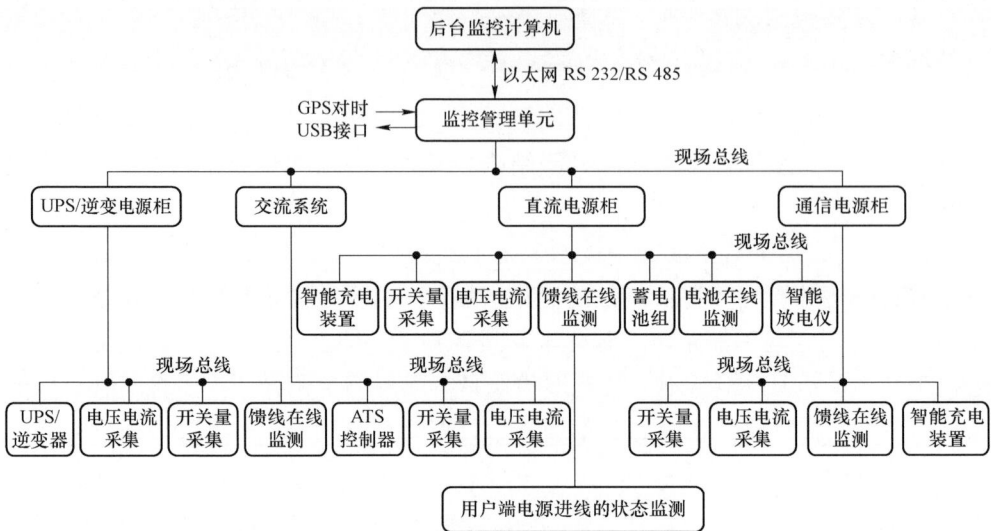

图 2-20  一体化电源系统的功能结构

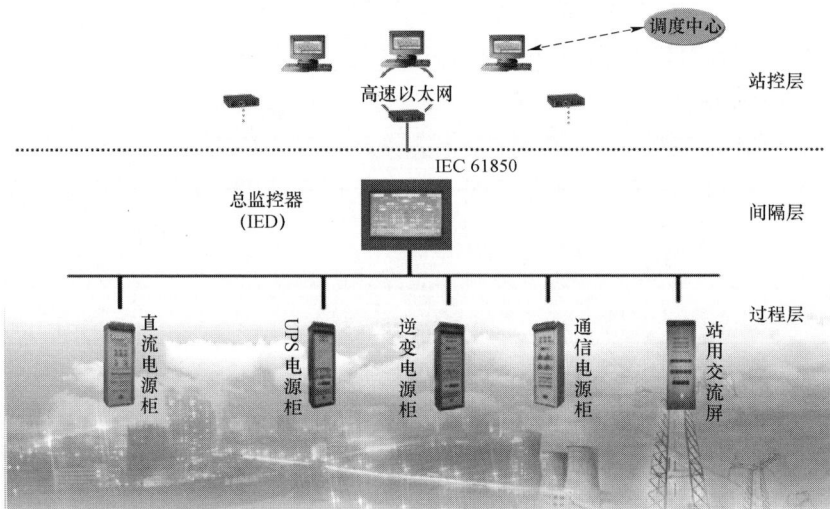

图 2-21  一体化电源设备通信连接示意图

（1）330kV 及以上电压等级变电站和重要的 220kV 变电站应配置 2 组蓄电池，3 套充电、浮充电装置。

（2）220kV 变电站及重要的 110kV 变电站应配置 2 组蓄电池，2 套充电、浮充电装置。

（3）110kV 变电站应配置 1 组蓄电池，1 套充电、浮充电装置。

（4）35kV 及以下变电站原则上应采用蓄电池组供电。

**2.** 系统电压

交流电源标称电压为 380V、220V。

直流电源标称电压为 220V、110V。

通信电源标称电压为 48V。

**3.** 直流系统接线

直流系统一般采用下述接线方式：

（1）1 组蓄电池和 1 套充电装置的直流系统，应采用单母线分段接线或单母线接线。蓄电池组和充电装置共接在单母线上，或分别接在两段母线上。

（2）1 组蓄电池和 2 套充电装置的直流系统，应采用单母线分段接线。2 套充电装置分别接在两段母线上，蓄电池组应跨接在两段母线上。

（3）2 组蓄电池和 2 套充电装置的直流系统，应采用两段单母线接线。蓄电池组和充电装置应分别接于不同母线段，两段直流母线之间应设联络电器。

（4）2 组蓄电池和 3 套充电装置的直流系统，应采用两段单母线接线。其中，2 组蓄电池和 2 套充电装置应分别接于不同母线段，第 3 套充电装置应通过隔离和保护电器跨接在两段母线上，或经切换电器分别接至 2 组蓄电池。

**4.** 直流系统供电方式

（1）直流系统的馈出网络应采用辐射状供电方式，严禁采用环状供电方式。

（2）直流系统对负荷供电，应按电压等级设置分电屏供电方式，不应采用直流小母线供电方式。

（3）直流母线采用单母线供电时，应采用不同位置的直流开关，分别带控制用负荷和保护用负荷。

## 2.7.2　一体化电源监控平台

一体化电源监控平台完成对交直流一体化电源的在线监测，实现遥测、遥信、遥控和遥调，完成交直流一体化电源的配置、操作、故障和异常工况的实时状态显示。

**1.** 主要功能

（1）蓄电池的监测。

1）蓄电池组电压、电流、环境温度。

2）蓄电池单体电压、内阻。

3）蓄电池组电压、电流、环境温度、单体电压及内阻告警。

4）蓄电池健康状况评估。

（2）蓄电池远程核对性放电：实现核对性放电，并通过控制充电机实现远程充电。电压、电流数字表显示蓄电池组电压和电流。

（3）充电装置的监测。

1）遥信内容：直流母线电压过高或过低、直流母线接地、充电装置故障、直流绝缘监测装置故障，蓄电池熔断器熔断、断路器脱扣、交流电源电压异常，交流进线过电压、浪涌保护状态监测等。

2）遥测内容：直流母线电压及电流值、蓄电池组端电压值、蓄电池分组或单体蓄电池电压、充放电电流值等参数，交流进线电压、电流、谐波数据采集，充电机特性参数计算。

3）遥控内容：直流电源充电装置的开机、停机、运行方式切换、母线电压的调整等。

4）充电机特性监测：稳压精度、稳流精度、均流度及纹波系数监测。

（4）绝缘监察的监测：监视正负母线对地电压、正负母线对地绝缘状况，各支路对地绝缘状况，交流窜入报警与测记。

（5）交流电源监测：交流电压、电流采集监测，过电压、欠电压、断相等在线监测告警。

（6）不间断电源（Uninterrupted Power Supply，UPS）、逆变和通信电源监测：输入、输出电压、电流及工作状态。

（7）开关状态监测：母联开关、充电机输出开关、蓄电池开关或熔断器状态、分屏开关、UPS 开关等状态监测。

**2.** 内阻测试原理

内阻测试采用分时分段的在线测试技术，即在瞬间直流电流放电法测量内阻基础上，为了消除充电机对测量结果的影响，系统将整组蓄电池等分为若干段，采用分时分段测量的原则，实现了自动远程在线测量，确保了测量结果的一致性和重复精度，如图 2-22 所示。

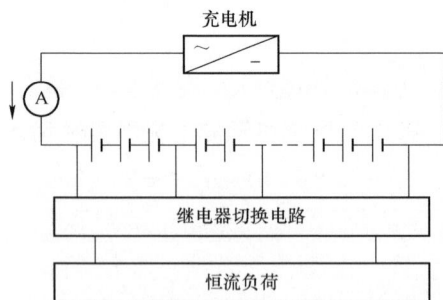

图 2-22 蓄电池内阻分组测试原理示意图

蓄电池内阻是一个变化的量，不同的测量方法其结果相差较大，没有对比的意义。一体化电源监控平台采用纵向数据比较的方法，通过对同一电池、不同时间、采用同一方法测量的浮充电状态下的内阻值进行比较，能可靠地判断蓄电池的性能变化趋势。

其工作原理如下：将一组电池组分成多个循环组，每次测量内阻时先对第一个循环进行放电，结束后再对第二个循环进行放电，直至最后一个循环，如图 2-23 所示。

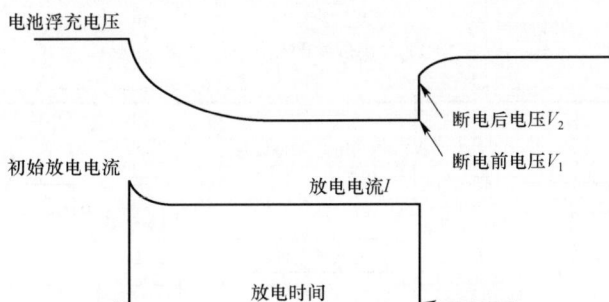

图 2-23　蓄电池内阻测试原理图

在放电的同时，系统高速采集每节电池的放电曲线，取得压降后测出每节电池的内阻。放电负荷采用恒流负荷，确保电压变化时每次放电的电流不变。系统可以被设成间隔一定时间自动测量一次内阻，无须人工干预。

优点：

（1）自动测量，无须人工干预；准确快捷、安全可靠。

（2）采用了无电位器设计，利用芯片内固化系数的技术，解决了时间飘移的问题，确保测量电路的稳定性。

（3）采用了极高输入电阻的输入电路，解决了电池采样线较长时电压测量不准问题；使采样线上的电流降到微安级，使最后在采样线上的压降降到 1mV 以下，这样的误差是可以忽略不计的。

（4）在每根采样线上都接有自恢复熔丝，即使发生任何故障也不会影响被监测系统。

（5）采用一体化的设计，将所有线路集中在一块板上，避免了由于连接器与跳线造成系统不稳定问题。

**3. 远程放电**

（1）两电两充（核对性放电方案）。此方案在母联开关上并联一个直流隔离开关，在母线投切开关、充电开关上各串联一个直流隔离开关，这样能够完全按照规程对蓄电池组进行核对性放电，适用于两段母线、两组蓄电池配置的直流系统，如图 2-24 所示。

（2）单电单充（测试性放电方案）。在电池回路增加整流管（二极管）控制电流走向，同时在整流管（二极管）两端并接一个放电开关。远程控制此开关的断开与闭合可实现远程放电。直流隔离开关闭合直流系统正常工作。直流隔离开

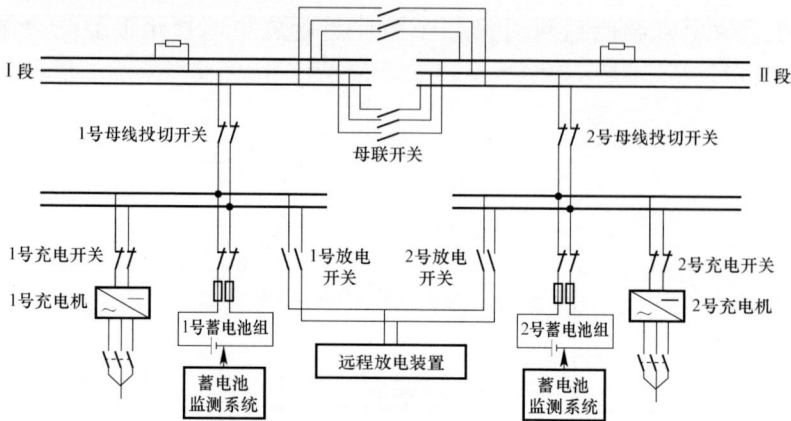

图 2-24 核对性放电方案

关断开对电池进行放电，利用整流管（二极管）单向导通的性质，此状态下充电机无法对蓄电池进行充电，但可以在紧急情况下给负荷供电。此方案可保证蓄电池不脱离负荷设备，具有保护措施，如图 2-25 所示。

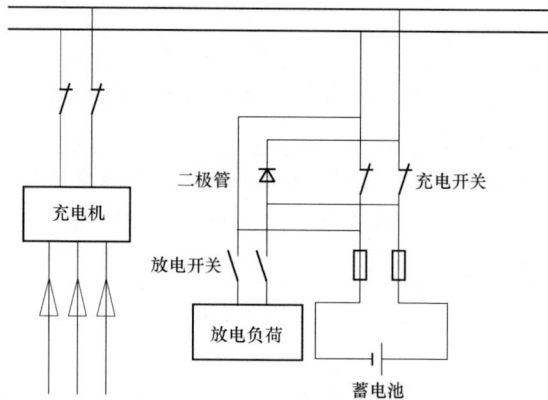

图 2-25 测试性放电方案

（3）安全性设计。

1）放电自动停止。为避免母线失电及保护设备，满足一定条件时放电会自动停止，自动停止的条件包括：放电时间到、放电容量到、放电终止电压到、单体电压低告警、温度高告警、通信中断告警等。

2）开关闭锁。为避免母线失电及保护设备，装置屏幕内的开关具有闭锁装置，闭锁规则如下：① 母线联络开关、1 号母线投切开关、2 号母线投切开关只能有 1 个分断；② 1 号充电开关、2 号充电开关只能有 1 个分断；③ 1 号放电开关、2 号放电开关只能有 1 个闭合。

3）操作流程控制。为保证每个操作人员都能正确地进行远程放电操作，操作软件本身具有固定的操作流程控制功能，操作人员可以选择默认配置中的一种，也可以自定义操作顺序，一旦定义好操作顺序后，在操作过程中，软件会自动检查操作顺序是否正确，防止误操作。软件默认配置如下：

a. 高频开关电源。

设置放电参数→充电开关（分）→判断电压差→母联开关（合）→母线投切开关（分）→放电开关（合）→开始放电。

停止放电→放电开关（分）→充电开关（合）→充满电后→母线投切开关（合）→母联开关（分）。

b. 相控开关电源。

设置放电参数→充电开关（分）→判断电压差→母联开关（合）→母线投切开关（分）→放电开关（合）→开始放电。

停止放电→放电开关（分）→充电开关（合）→充满电后→充电开关（分）→母线投切开关（合）→母联开关（分）→充电开关（合）。

4）密码保护。用户密码和设备密码都经过 MD5 加密，并且层层设置权限，不同等级的用户，安全操作不同。

5）会签机制。为了保证开关操作和放电过程的正确，软件中操作采用会签机制，即一个操作人员和一个监视人员，根据不同的权限相互限制，避免出现误操作。

6）加密锁。软件采用 ePass1000ND 加密锁，硬件支持 HMAC – MD5 和 TEA 算法，可安全实现冲击/响应的双因子认证，内置硬件随机数发生器，并使用这个随机数进行密钥对、随机消息鉴别码的生成，安全方便。

## 2.7.3　直流操作电源

**1.** 充电装置的类型

目前，充电装置主要有以下两种：

（1）相控型充电装置。其由接在隔离变压器二次绕组上的晶闸管整流器进行调压，接线较复杂，容量较大，目前有少量应用。

（2）高频开关模块型充电装置。这种装置即将高频开关频率结合脉宽调制技术应用在开关电源上，取消了庞大的隔离变压器，在高频化、小型化及模块化上有很大进展，具有输出稳压、稳流精度高、纹波系数小等优点。其已在变电站直流电源系统中广泛应用。

**2.** 工作原理

交流输入经过高频开关模块型充电装置内部的电磁干扰（Electromagnetic

Interference，EMI）滤波器滤波，整流滤波器整流为直流并滤波后，进而在反馈控制电路控制下，通过变换电路后，经高频变压器变压，再经整流滤波器整流滤波，转换为洁净的直流电源输出，如图 2-26 所示。

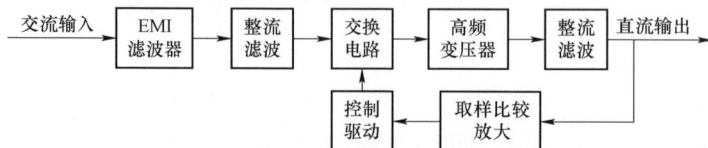

图 2-26  高频开关模块型充电装置基本原理图

### 2.7.4  蓄电池组

**1.** 概述

阀控式密封铅酸蓄电池是电力工程中广泛采用的直流电源装置，它是用铅（Pb）和二氧化铅（$PbO_2$）分别作为负极和正极的活性物质，以硫酸（$H_2SO_4$）水溶液作为电解液的电池。它具有适用温度和电流范围大、储存性能好、化学能和电能转换效率高、充放电循环次数多、端电压高、容量大，而且铅材料资源丰富、造价较低等一系列优点。

阀控式密封铅酸蓄电池的电解液有胶体电解液和超细玻璃纤维隔膜吸附电解液两类。目前，大量采用的是后者。

**2.** 结构

阀控式密封铅酸蓄电池结构包括盖片、电池盖、电池槽、密封胶、安全阀、正极板、负极板、接线端子和隔板，如图 2-27 所示。

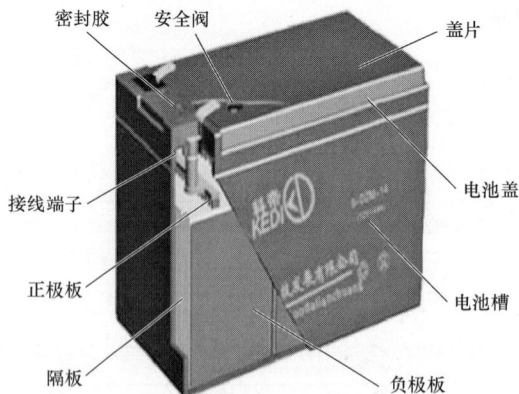

图 2-27  阀控式密封铅酸蓄电池结构

（1）电极。铅酸蓄电池正极活性物质为二氧化铅，负极活性物质为戎状铅。正极采用管式正极板或涂膏式正极板，通常移动型电池采用涂膏式正极板，固定型电池采用管式正极板。负极板通常采用膏式极板。板栅材料采用铅锑合金。

（2）隔板。隔板的作用是防止正负极板短路，但要允许导电离子通过，同时要阻挡有害杂质在正负极间通过。

（3）电解液。电解液为蒸馏水和分析纯硫酸按一定比例的混合液，贫液式电池电解液密度约为 1.30kg/L，胶体电池电解液密度约为 1.24kg/L。

（4）安全阀。阀控式密封铅酸蓄电池的安全阀作用如下：

在正常浮充时，安全阀的排气孔能逸散微量气体，防止电池的气体聚集。

当由于电池过充等原因产生气体使阀到达开启值时，打开阀门，及时排出盈余气体，以减少电池内压。

气压超过定值时放出气体，减压后自动关闭，不允许空气中的气体进入电池内，以免加速电池的自放电，故要求安全阀为单向节流型。蓄电池组如图 2－28 所示。

图 2－28 蓄电池组

**3. 化学反应原理**

（1）放电过程的电化学反应。当蓄电池与外电路接通时，在电池电动势的作用下，电路中便产生电流，放电电流由蓄电池的正极板经外电路流向负极板。在蓄电池内部，电解液内的硫酸分子电离，产生氢正离子和硫酸根负离子，在电场力的作用下，氢正离子移向正极，硫酸根离子移向负极，形成离子流。电流的方向是从负极流向正极。

在负极板上，硫酸根离子与铅离子集合生成硫酸铅，其化学反应方程式为

$$Pb+SO_4^{2-}=PbSO_4+2e^-$$ （2－1）

在正极板上电子从外电路流入，与四价的铅离子结合，变成二价的铅离子，它立即和正极板附近的硫酸根负离子结合，生成硫酸铅。同时，移向正极板的氢正离子和氧负离子结合形成水分子，化学反应方程式为

$$PbO_2+H_2SO_4+2H^++2e^-===PbSO_4+2H_2O \qquad (2-2)$$

放电时总化学方程式为

$$PbO_2+Pb+2H_2SO_4===2PbSO_4+2H_2O \qquad (2-3)$$

可见，蓄电池在放电过程中，正、负极板上都形成了硫酸铅，而硫酸铅导电性能差，会增加极板间的电阻，影响电池容量。电解液中的硫酸逐渐减少，水分增加，因而使电解液的相对密度降低。

（2）充电过程中的电化学反应。铅酸蓄电池充电时，在电池内部，充电电流由正极流向负极。在电流的作用下，正、负极上的硫酸铅及电解液中的水分被分解。充电时的化学反应为

在正极板：

$$PbSO_4+SO_4^{2-}-2e^-+2H_2O===PbO_2+2H_2SO_4 \qquad (2-4)$$

在负极板：

$$PbSO_4+2H^++2e^-===Pb+H_2SO_4 \qquad (2-5)$$

总的化学反应方程式为

$$2PbSO_4+2H_2O===2H_2SO_4+PbO_2+Pb \qquad (2-6)$$

在充电过程中，正极板上的硫酸铅被硫酸根氧化失去了电子而被还原成二氧化铅，在负极板上的硫酸铅被阳离子还原成为铅。在化学反应中，吸收了两个水分子，而析出了两个硫酸分子。因此充电时，电解液的相对密度增大，电池的内阻减小，电动势增大。

### 2.7.5 双电源自动切换装置

**1.** 概述

双电源自动切换装置（Automaic Transfer Switching，ATS）主要用在紧急供电系统，是将负荷电路从常用电源自动换接至备用电源，以确保重要负荷连续、可靠运行的开关设备。

目前，双电源自动切换装置大致有 3 种，即 CB 级 ATS、PC 级 ATS 及刀开关。

CB 级 ATS 由断路器组成，而断路器是以分断电弧为己任的，要求它的机械结构能够快速脱扣，因而断路器的机构存在滑扣、再扣问题；而 PC 级 ATS 不存

在该方面问题，PC 级 ATS 的可靠性远高于 CB 级 ATS。

PC 级 ATS 是理想的双电源切换开关，具有结构简单、体积小、自身联锁、转换速度快（0.2s 内）、安全、可靠等优点。

**2.** 结构及工作原理

ATS 一般由两部分组成，即控制器和自动转换开关本体。控制器主要用来检测被监测电源（两路）的工作状况，当被监测的电源发生故障（如任意一相断相、欠电压、失电压或频率出现偏差）时，控制器发出动作指令，自动转换开关本体则带着负荷从一个电源自动转换至另一个电源，备用电源的容量一般仅是常用电源容量的 20%～30%，如图 2－29～图 2－32 所示。

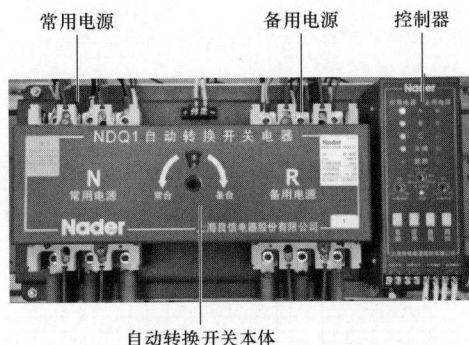

图 2－29　双电源自动切换装置（PC 级 ATS）

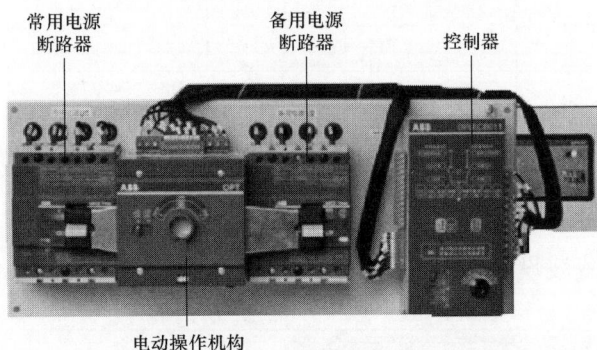

图 2－30　双电源自动切换装置（CB 级 ATS）

## 2.7.6　UPS

**1.** 概述

UPS 是一种含有储能装置，以逆变器为主要组成部分的恒压恒频的电源设备。UPS 与电力直流操作电源系统一起组成了发电厂、变电站的专用 UPS，向微

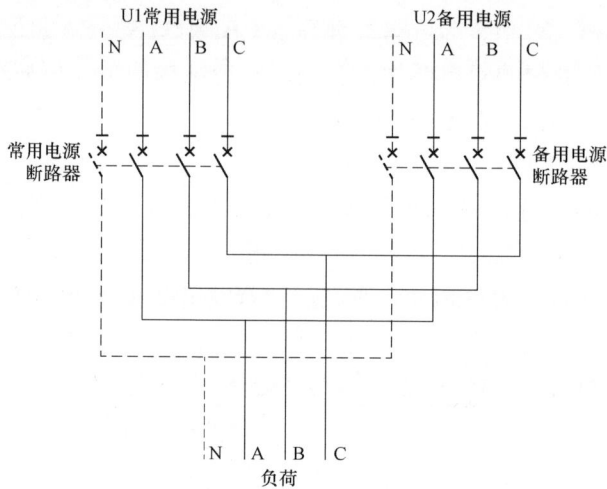

图2-31  CB级ATS内部结构原理

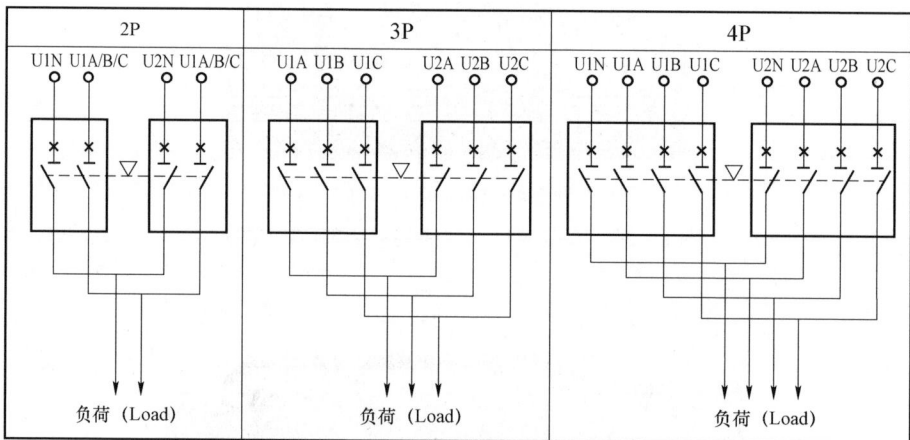

图2-32  2路、3路、4路CB级ATS主回路接线原理

机、通信设备、载波设备、事故照明设备及其他不能停电的设备供电。这种装置从发电厂或变电站现有直流操作电源取电,不必像常规UPS那样需要单设蓄电池组,从而避免蓄电池的重复投资,减少系统维护,降低运行成本,如图2-33所示。

图2-33  电力专用UPS

（1）UPS的作用。

UPS应用在发电厂、变电站中主要起到两个作用:一是应急使用,防

止突然断电而影响不能停电设备的正常工作；二是消除市电上的电涌、瞬间高电压、瞬间低电压、电线噪声和频率偏移等"电源污染"，改善电源质量，提供高质量的电源。

（2）对电力专用 UPS 的特别要求。电力专用 UPS 的工作原理和输出特性与传统 UPS 完全相同，但是，由于它连接直流操作电源系统，因此其直流输入特性必须满足电力系统的专用要求，具体如下：

1）直流输入范围必须满足电力操作电源的电压波动范围 220（110）×（1±12.5%）V。

2）为防止对直流操作电源系统蓄电池的反灌充电，保证电池的安全，电力专用 UPS 的直流输入端要串联隔离二极管。而且，其整流输出最低电压要保证在蓄电池均衡充电时不会产生由直流操作电源供电的情况。

3）电力专用 UPS 的整流输出与直流操作电源系统的隔离二极管连接，只能隔离反灌充电电流，不能隔离其输出噪声电压，因此要求电力专用 UPS 的整流输出具有很好抑制噪声电压的功能，满足直流操作电源系统对纹波电压的要求。

4）直流操作电源系统的直流母线为不接地系统，并且要求严格的对地绝缘水平，所以要求电力专用 UPS 的整流输出与交流输入电气隔离。

**2.** 结构

（1）UPS 组成。UPS 构成主要包括整流器、蓄电池及其充电电路、逆变电路、旁路开关、智能调压控制电路和静态开关，各部分功能如下：

1）整流电路的功能。整流器是一个整流装置，是将交流（AC）转化为直流（DC）的装置。它有两个主要功能：第一，将交流电（AC）变成直流电（DC），经滤波后供给负荷，或供给逆变器；第二，给蓄电池提供充电电压。因此，它同时又起到一个充电器的作用。为提高电网输入的功率因数，整流电路和功率因数校正电路结合起来，组成高功率因数整流电路。

2）蓄电池充电电路的功能是将电网电压变换成可控的直流电压对蓄电池充电，并能控制充电电流，最大限度地保证蓄电池长寿命、满容量、高电压向用户供电。

3）逆变电路的功能是将整流输出的直流电流或蓄电池输出的直流电流变换成与电网同频率、同幅值、同相位的交流电流供给负荷。它由逆变桥、控制逻辑和滤波电路组成。

4）旁路开关的功能。当变换电路正常工作时，旁路开关处于开路状态；当变换电路故障时，变换器停止输出，旁路开关接通，由电网直接向负荷供电。

5）智能调压控制电路的功能是控制逆变电路和其他可控主电路（功率因数

校正电路、蓄电池充电电路、旁路开关等），实现电源的变换过程，达到输出电压稳定可靠的目的。

6）静态开关。静态开关又称静止开关，它是一种无触点开关，是用两个晶闸管反向并联组成的一种交流开关，其闭合和断开由逻辑控制器控制。静态开关分为转换型静态开关和并机型静态开关两种。转换型静态开关主要用于两路电源供电的系统，其作用是实现从一路到另一路的自动切换；并机型静态开关主要用于并联逆变器与市电或多台逆变器。

（2）UPS 组成系统的方式。

1）单机使用。一台 UPS 装置，自带旁路，单母线接线。单机 UPS 是最简单，也是最常用的配置方案，适用于 110kV 及以下的变电站，如图 2-34 所示。

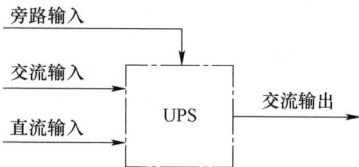

图 2-34　UPS 单机使用配置方案

2）串联备用。两台 UPS 装置，自带旁路，一主一从串联冗余，单母线接线。这种配置方案采用两台相同容量的 UPS，其中一台作为主机，另一台作为从机。主机的旁路输入接在从机的输出上，主机故障时自动转旁路后便由从机向负荷供电。该方案适用于重要的 110kV 和 220kV 变电站，如图 2-35 所示。

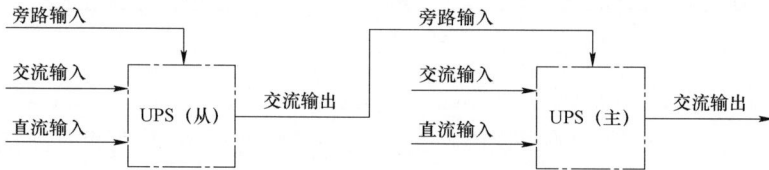

图 2-35　UPS 串联备用配置方案

3）串联备用（两主一从）。3 台 UPS 装置，自带旁路，二主一从串联冗余，两段单母线接线。这种配置方案采用 3 台相同容量的 UPS，其中两台作为主机，另一台作为从机。两台主机的旁路输入接在从机的输出上，主机故障时自动转旁路后便由从机向负荷供电。该方案适用于 220kV 及以上的变电站，如图 2-36 所示。

4）并列运行（单母线输出）。两台 UPS 装置，自带旁路，一用一备并列冗余，单母线接线。这种配置方案采用两台相同容量的 UPS，输出经静态开关切换装置向负荷供电。由于两台 UPS 经同一个切换装置输出，为保证切换时间满足要求，两台 UPS 的旁路输入必须取同一个交流电源。该方案适用于重要的 110kV 和 220kV 变电站，如图 2-37 所示。

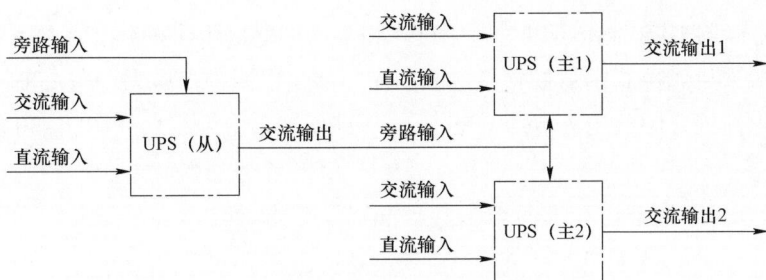

图 2-36 UPS 串联备用配置方案

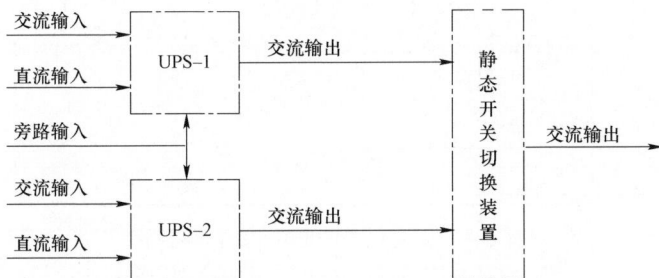

图 2-37 UPS 并列运行（单母线输出）配置方案

5）并列运行（两段单母线输出）。两台 UPS 装置，自带旁路，互为备用并列冗余，两段单母线接线。这种配置方案采用两台相同容量的 UPS，输出经静态开关切换装置分别向负荷供电。该方案适用于 220kV 及以上的变电站，如图 2-38 所示。

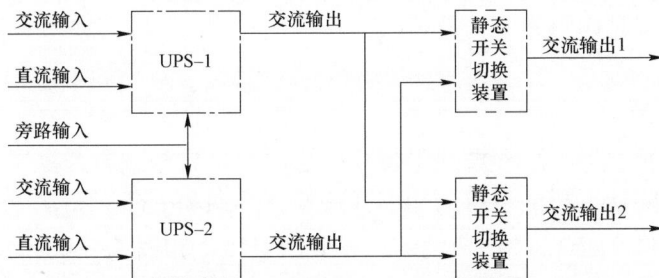

图 2-38 UPS 并列运行（两段单母线输出）配置方案

**3. 工作原理**

当市电输入正常时，电力专用 UPS 将市电稳压后供应给负荷使用，此时的电力专用 UPS 就是一台交流市电稳压器，同时它还向机内电池充电；当市电中断（事故停电）时，电力专用 UPS 立即将机内电池的电能，通过逆变转换的方法向负荷继续供应 220V 交流电，使负荷维持正常工作并保护负荷软、硬件不受损坏。电力专用 UPS 通常可以对电压过高和电压过低提供保护。电力专用 UPS 的储能装置一般采用阀控式密封铅酸蓄电池，在一体化电源中，电力专用 UPS 与直流电源共享蓄电池组，因此电力专用 UPS 不再单独配置蓄电池组，如图 2−39 所示。

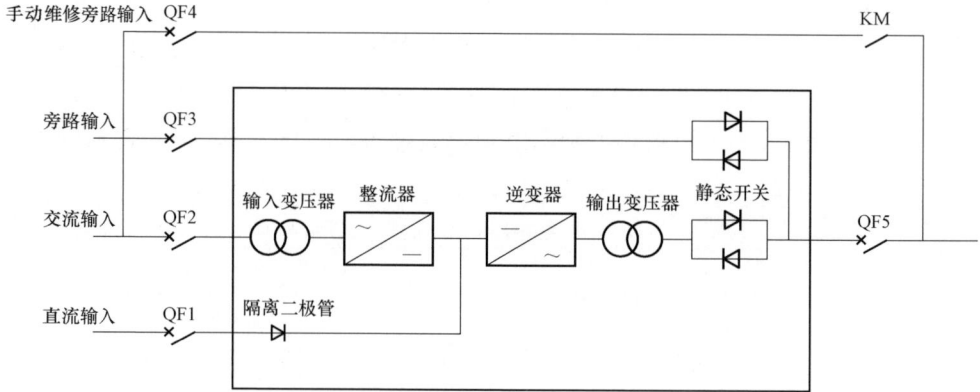

图 2−39    交流不间断电源典型应用

## 2.7.7    逆变电源

**1.** 概述

逆变电源是一种将直流电的电能转化为不间断的、纯净的交流电能的变换装置，用以给计算机和其他电气设备提供可使用的连续交流电源，以防止市电不稳定及断电。

逆变电源由交流输入和直流输入两路供电，可选择逆变优先或旁路优先的工作方式。

**2.** 工作原理

逆变器同整流器相反，逆变电路是将直流电压变换为所要频率的交流电压，以所确定的时间使上桥、下桥的功率开关器件导通和关断。在输出端 U、V、W 三相上得到相位互差 120° 电角度的三相交流电压，如图 2−40 所示。

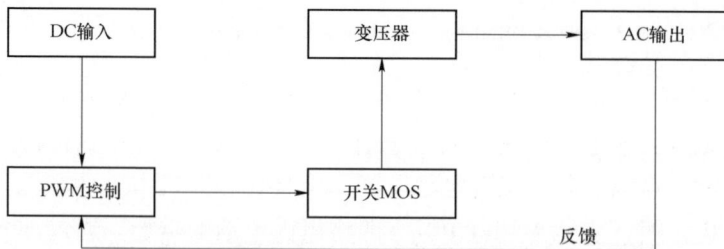

图 2−40    逆变器的工作原理

在实际应用中，逆变电源不会对交流电源做处理，而是直接通过静态开关输出交流电。当输入为直流电时（蓄电池供电）逆变电源对直流电进行逆变和变压处理，转换为交流电输出。逆变电源的典型应用如图 2-41 所示。

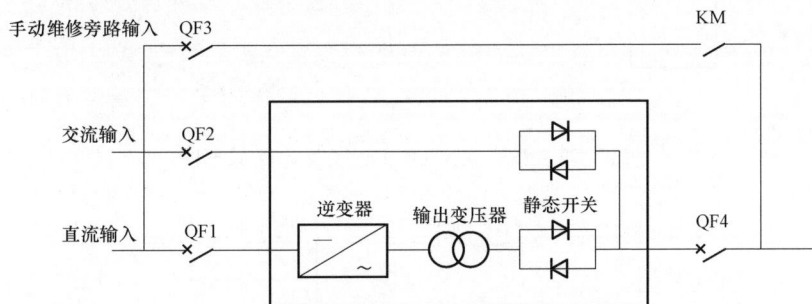

图 2-41　逆变电源的典型应用

## 2.7.8　通信电源

**1.** 概述

电力用通信电源又称 48V 高频开关电源，主要含义：一是电源等级为 48V，通常给直流电压等级为 48V 的直流负荷供电；二是电源工作在高频状态，由以前的几千赫兹向几百兆千赫兹发展，现在已发展到兆赫兹级。

发电厂、变电站的通信负荷主要有如下几种：

（1）生产行政电话交换机、网络控制室、单元控制室和输煤控制调度电话交换机、调度呼叫系统等。

（2）电力线载波机、光纤通信设备、微波和其他无线通信设备。

变电站必须装设可靠的通信直流电源系统，以确保通信设备的不间断供电，尤其要保证变电站发生事故时不中断通信供电。在一体化电源中，通信电源通过 DC/DC 变换器将直流操作电源变换为通信用 48V 直流电源。

**2.** 结构

直流输入首先经过 EMI 滤波器双向隔离干扰，之后经过软启动电路以防止 DC/DC 变换器启动过程中对 110V 直流系统造成冲击。通过主电路将 110V 直流变换成 48V 直流后，经过隔离二极管输出 48V 直流电压，隔离二极管在这里起防止模块内部故障造成整个 48V 直流母线短路的作用，以提高 48V 直流母线的可靠性，如图 2-42 和图 2-43 所示。

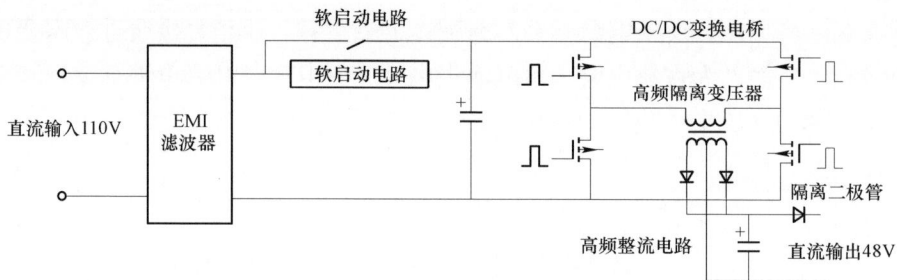

图 2-42 48V 直流 DC/DC 变换电路原理图

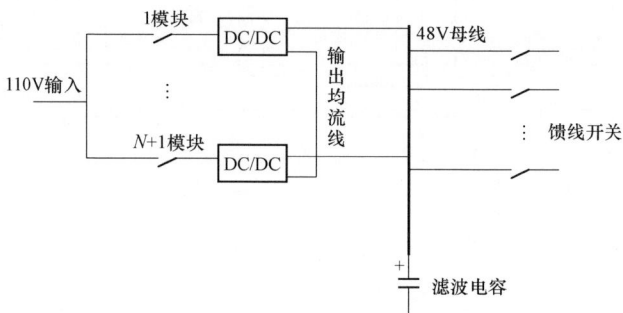

图 2-43 48V 直流系统结构图

**3.** 补偿电容

为了使 DC/DC 变换器在负荷回路发生过负荷或短路故障时能可靠地分断故障回路的开关,DC/DC 变换器输出端应加补偿电容,如图 2-44 所示。

图 2-44 补偿电容

补偿电容的计算公式:

$$C = (I_{max} \cdot T_{max})/\Delta U$$

式中  $I_{max}$——馈线短路最大故障电流;

$T_{max}$——开关脱扣最大时间;

ΔU——母线最大允许压降。

根据通信电源相关标准，通信设备受电端电压允许范围 −57～ −40V，最大压降 $\Delta U=(-40)-(-57)=17$（V）。

以 S262UC20A 开关为例，取 $I_{max}$=200A，且：

$$T_{max}=1.2×10=12（ms）\tag{2-7}$$

$$C=(I_{max} \cdot T_{max})/\Delta U=(200×12)/17≈141.17（mF）=0.141F\tag{2-8}$$

补偿电容一般选择耐压的电解电容，其工作电压通常不小于 63V。

## 2.8 其他变电站相关设备

### 2.8.1 虚端子概述

传统变电站的保护、测控等二次设备开关量开入、开出，模拟量输入、输出等端子排，保护装置的各开关量、跳合闸出口、模拟量采集端口等都一一对应于具体的端子。在进行二次系统设计时，通过从端子到端子的电缆连接实现二次设备之间的配合，以及二次设备至一次设备的出口。但开展智能变电站建设以来，原有传统的端子概念消逝了，取而代之的是基于网络传输的数字信号，原有点对点的电缆连接也被网络化的光缆连接所取代。此时，若仍旧按照传统的设计理念、设计方法去对待智能变电站，则设计阶段能够表现的仅仅是各二次设备之间，以及从保护装置到交换机的光缆连接，所有信息全部隐含在光缆中。而事实上，变电站中的每个 SV、GOOSE 信息仍需要一一配置，因此便引入了"虚端子"的概念，用以反映二次设备之间的 SV、GOOSE 配置与联系，解决由于智能变电站二次设备 SV、GOOSE 信息无触点、无端子、无接线带来的施工、调试、检修困难等问题。

虚端子是一种虚拟端子，是为了便于形象地反映智能变电站二次设备之间 SV、GOOSE 信息的联系而引入的，与传统屏柜的端子存在着对应关系，是网络上传递的 SV、GOOSE 信号的起点或终点。虚端子设计一般包括虚端子、虚端子逻辑连线图及 SV、GOOSE 配置表等。

### 2.8.2 软压板概述

智能变电站软压板是指控制软件系统某个功能投退的元件，如投入和退出某个保护和控制功能，通常以修改微机保护的软件控制字来实现。

传统保护使用硬连片故而称为硬压板，而软压板是在此基础上利用软件逻辑强化对功能投退和出口信号的控制，与硬压板是"与"的关系。在智能变电站中，由于信号、控制等回路的网络化，硬压板也就随着电缆回路的消失而消失，而软压板的功能则大大加强，重要性也随之提升。

软压板是相对于硬压板而言的，是保护装置联系外部接线的桥梁和纽带，关系到保护的功能和动作出口能否正常发挥作用。按照接入保护装置二次回路位置的不同，压板可分为保护功能压板和出口压板两大类。

智能变电站保护等二次设备除了保留检修和远动硬压板外，其他功能压板都实现了软压板化。目前，智能变电站主要有以下几种功能软压板：

（1）保护功能投退软压板：实现某保护功能的完整投入或退出。

（2）保护定值控制状态软压板：标记定值、软压板的远方控制模式，如定值切换、修改等操作。

（3）信号复归控制软压板：信号远方复归功能。

（4）SV 接收软压板：按 MU 投入状态控制本端是否接收处理采样数据。

（5）GOOSE 出口软压板：实现保护装置动作输出的跳合闸信号隔离，可设置在信号发出端。

（6）测控功能控制软压板：实现某测控功能的完整投入或退出。

（7）逻辑状态控制软压板：实现保护逻辑输入状态的强制固定，类似于保护功能投退软压板。

（8）其他软压板：该部分软压板设置有利于系统调试、故障隔离，如母差接入闸刀位置强制软压板，应布置在标准压板之后，正常运行时操作无须修改。

## 2.8.3　光纤概述

智能变电站的信号由传统变电站的电信号向光信号转变，相应的传输介质也由电缆转变为光纤。光纤具有以下优点：

（1）避免电缆带来电磁干扰，一次设备传输过电压等问题。

（2）带宽宽，并且信号传输可靠性高。

（3）光纤通信回路可在线自检。

（4）数量少，减少安装调试周期，减小维护工作量。

## 2.8.4　交换机概述

交换机一种有源的网络元件。交换机连接两个或多个子网，子网本身可由数个网段通过转发器连接而成。智能变电站在功能、电磁兼容、环境温度和机械结构等方面对过程层交换机提出了很高的要求。过程层交换机在强电磁干扰下报文传输可靠性、温度范围、端口配置、吞吐量、存储转发时延、环网自愈时间、组播流量控制和优先级、网络安全控制等方面应满足智能变电站过程层的应用需求。

智能变电站过程层交换机要与继电保护同等对待。将交换机的 VLAN 及所属端口、多播地址端口列表、优先级描述等配置作为定值管理。因为交换机为有源元件，所以降低了保护整体的可靠性。

智能变电站交换机主要实现以下功能：

（1）为 SV 和 GOOSE 报文提供转发和接收途径。基于 VLAN 和基于 MAC 多播地址过滤的多播模式，SV 和 GOOSE 发布者/订阅者可实现多数据源向多接收者的数据发送，且满足数据流量大、实时性要求高的要求。

（2）实现智能变电站网络冗余。网络冗余包括链路冗余和设备冗余，链路冗余指交换机冗余，设备冗余主要指装置的网口冗余。

# 第3章

# 智能变电站报文及传输机制

## 3.1 阅读智能变电站报文的方法

以中元华电 ZH-5N 故障录波器为例，说明在智能变电站的实际运维中如何使用故障录波器来解析过程层报文，实时了解智能变电站运行状况，并简单分析处理出现的故障。

### 3.1.1 打开报文数据文件

如图 3-1 所示，选择主菜单中的【文件】菜单，在弹出菜单中选择【打开】命令会弹出打开文件的对话框，在该对话框中选择要打开的报文数据文件即可。ZHNPA 报文分析软件除可打开本公司专有的扩展名为".zpkt"的数据文件外，还可打开扩展名为".pcap"和".rrp"的报文数据文件。

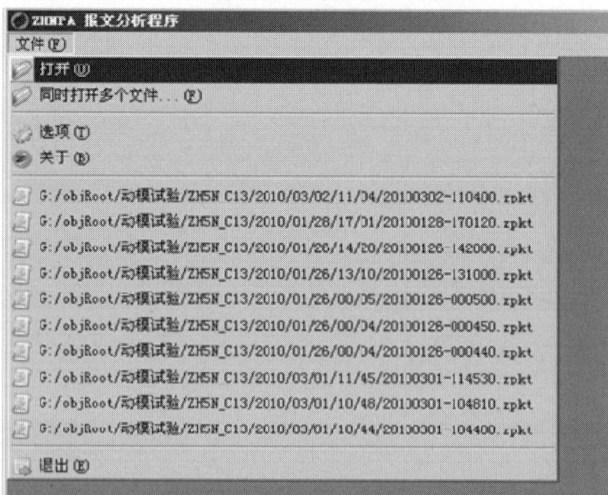

图 3-1 数据报文的打开

**1.** 报文分析界面说明

当报文数据文件打开后会出现如图 3-2 所示的界面，界面主要分为 3 个区域：报文分组树形列表区、报文信息列表区和报文分析区。

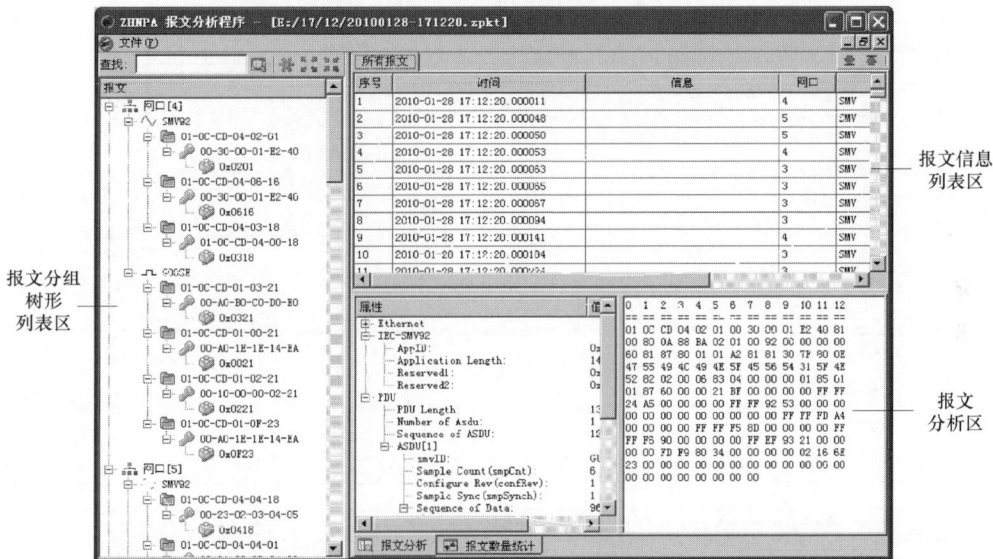

图 3-2 报文分析软件界面

在报文分组树形列表区，显示的是报文的分组。ZHNPA 报文分析软件中对报文的分组采用渐进的树状分组方式。如图 3-3 所示，分组的依据依次为采集器采集报文的网口→报文类型→报文目标地址→报文源地址→报文数据集的 AppID。

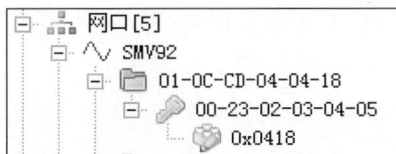

图 3-3 报文分组树形列表区

在报文信息列表区，显示的是报文的信息。刚打开数据文件时默认显示的是这个报文数据文件中所有的报文信息，"所有报文"是默认的分组，选择分组后只列出这个分组中的报文信息。根据报文分组选择的不同，报文信息列表中显示的报文信息也会作相应的改变。报文信息列表区可以打开多个分组，如图 3-4 所示，单击列表区上的分组标签可以方便地切换分组，对于已经打开的分组不会重复打开。无论打开多少个分组，系统内存的开销都非常小，且打开和切换的时间开销也非常小。

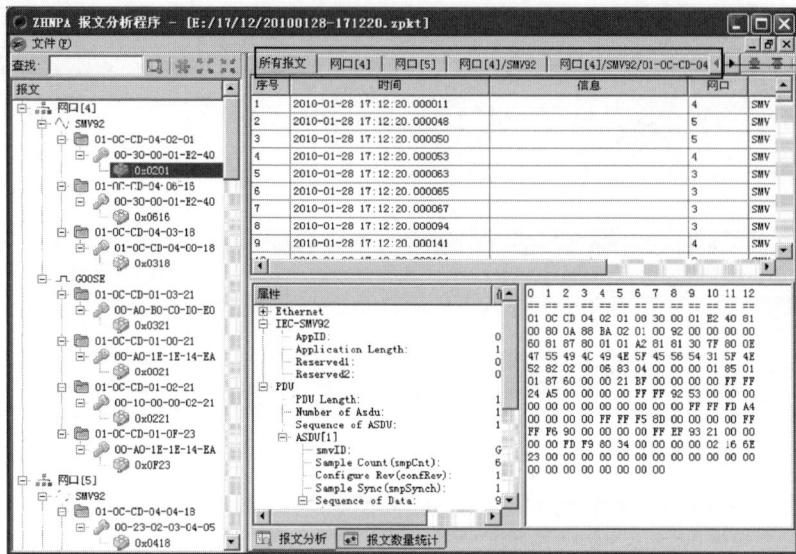

图 3-4　报文信息列表区

　　报文分析区是一个多用途的区域，根据用户的选择分别可以用于显示报文的详细内容、报文数量统计、波形分析、报文时间均匀性分析及 GOOSE 事件序列等。这个区域在各种情况下的用途将在本节后面内容中详细介绍。

　　在分析报文时，为了有效利用界面空间，让有限的空间显示更多的有用信息，报文分析软件应能够根据用户的需要暂时隐藏一部分内容。ZHNPA 报文分析软件中报文分组树形列表区为可隐藏区域，双击报文信息列表区上的分组标签可以隐藏和显示报文分组树形列表区，如图 3-5 所示。

　　**2.** 报文定位方法

　　报文数据文件打开时，报文信息列表区列出了数据文件中的所有报文。用户可以直接根据报文接收时间、网口号、AppID 等信息找到相应的报文，找到报文后单击相应的行，在报文分析区即可显示报文的详细内容。这是最直接的定位报文的方法，但是一个报文数据文件中往往有上万个报文，使用这种方法查找起来就很困难，所以应用中一般采用下面两种方法结合起来的方式定位报文。

　　（1）分组过滤定位。在定位报文时，单击报文分组树形列表区中的组名，报文信息列表区中将会过滤掉其他分组的报文，这样报文信息列表区中只会显示选中分组的报文，报文数量就会少很多，报文查找也就更容易。

　　在报文分组树形列表区中单击分组前的〖⊞〗或〖⊟〗按钮可以展开或收缩相应的分组。单击报文分组树形列表区上方的〖⣿〗或〖⣿〗按钮可以展开或收缩所有的分组。

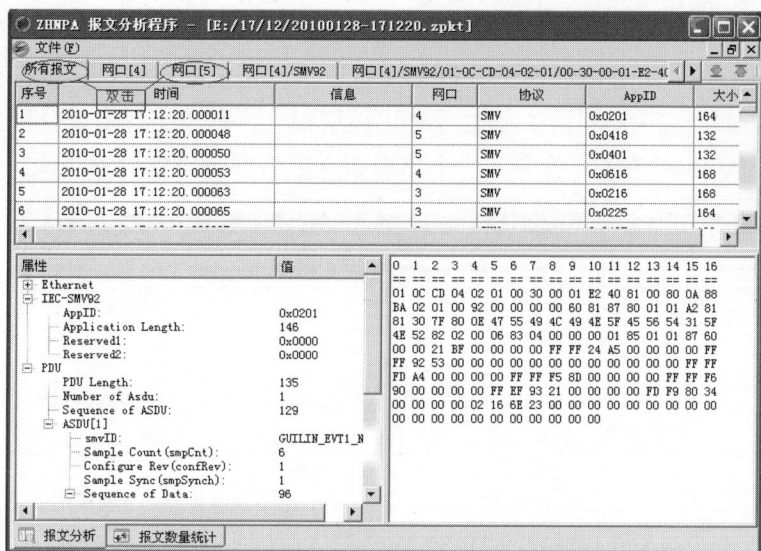

图 3-5　报文分组树形列表区的隐藏

如图 3-6 所示，在报文分组树形列表区上方的【查找】文本框中输入要查找的分组的组名或组名的一部分字符，按 Enter 键或单击〖　〗按钮，软件会查找分组名与输入字符串相匹配或分组名的部分字符串与输入字符串相匹配的分组。如果找到，将会在报文信息列表区中打开找到分组中的报文信息，如果有多个分组符合条件，再按 Enter 键或单击〖　〗按钮会打开下一个符合条件的分组。

图 3-6　分组过滤快速报文定位

（2）错误/告警事件信息快速定位。在应用中，常常会分析出现错误或告警等事件时的报文，ZHNPA 报文分析软件可以快速定位到出现错误或告警等事件时的报文。如图 3－7 所示，单击〖🐝〗按钮和〖🐝〗按钮，可以分别按向下和向上的方向定位到当前分组中下一个出现错误或告警等事件时的报文。

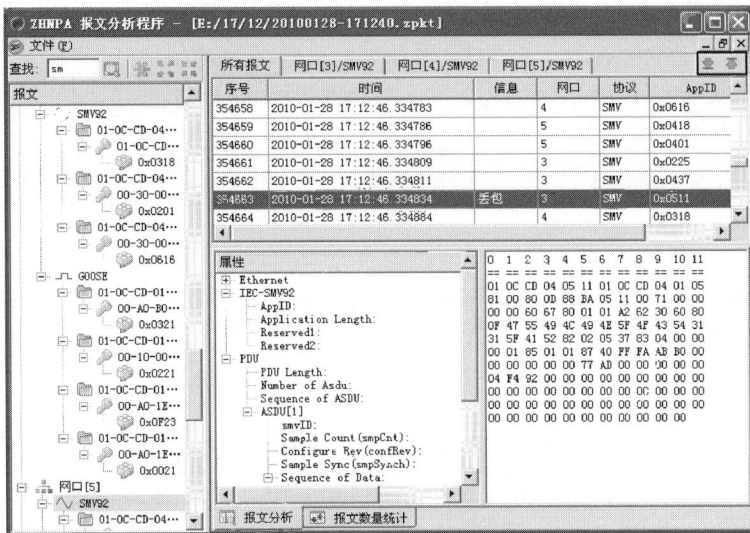

图 3－7　错误/告警信息快速报文定位

**3. 报文内容查看**

在报文信息列表区中找到报文后，单击找到的报文，在软件报文分析区的报文分析标签下就会显示报文的详细内容，如图 3－8 所示。报文分析区的左边区

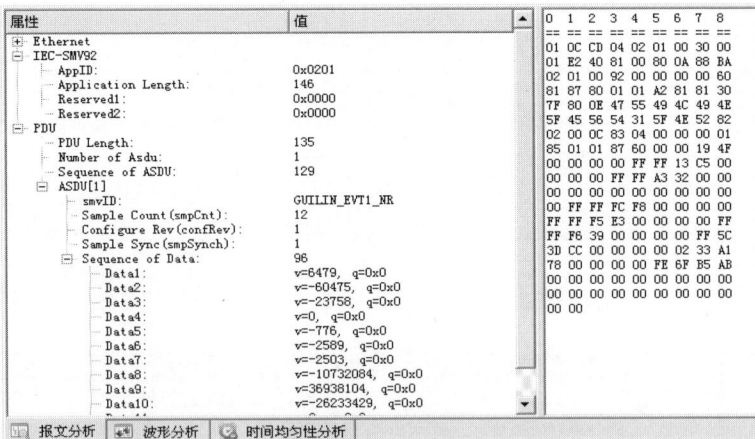

图 3－8　报文详细内容

域显示的是软件解析出的报文中的相应字段及字段的值，报文分析区的右边区域
显示的是报文原始的十六进制数据。在左边区域选择一个字段，则软件会在右边
区域标记出字段相应的十六进制数据，如图 3−9 所示。

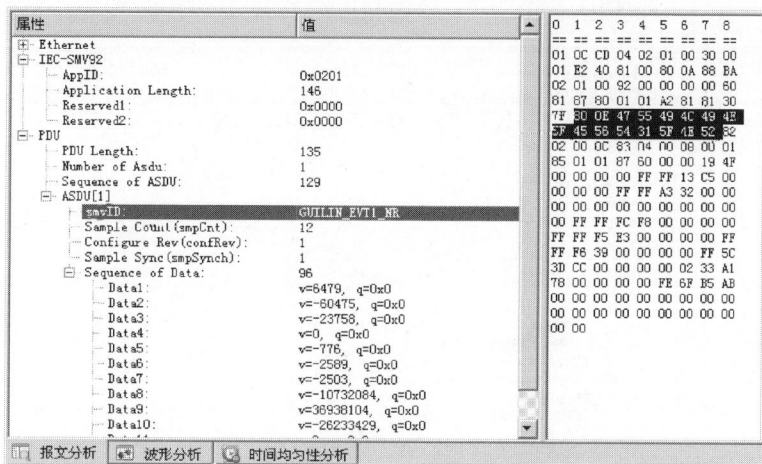

图 3−9　报文内容对应的十六进制字符

ZHNPA 报文分析软件对解析出的字段按树形进行了分组，在分组上右击，
在弹出的快捷菜单上选择【展开所有】或【收缩所有】命令，可以展开字段或将
分组收缩，选择【复制】命令，可以将当前选中的字段名字符串和字段值复制到
剪贴板。

**4. GOOSE 报文内容解析**

IED 发布的 GOOSE 信号由 SCL 文件中<GSEControl>、<DataSet>等元素中
的参数定义。GOOSE 在配置文件里分别进行 GOOSE 发送配置与 GOOSE 接收配
置，在 GOOSE 配置下面根据一帧 GOOSE 报文解释各参数与 SCL 文件的对应关
系。某线路保护的 GOOSE 报文如图 3−10 所示。

GOOSE 报文主要分网络参数、GOOSE 参数和 GOOSE 数据 3 块内容。

（1）网络参数。

1）Destination（目的地址）：一种组播 MAC 地址，在交换机上以组播的形
式传递，GOOSE 的目的地址一般以 01−0C−CD−01 开头，后面 2 字节可自由
分配。目的地址是集成设计时统一分配的，是全站唯一的，是 GOOSE 报文订阅
机制的重要参数之一。它的正确配置是过程层通信的最基本条件，工程人员可将
其认定为 GOOSE 数据的唯一标志。它由<GSE>/<Address>的@MAC−Address
定义。

```
┌─ Ethernet
│   ├─ Destination MAC:              01-0C-CD-01-00-09
│   ├─ Source MAC:                   00-10-00-00-00-09
│   └─ Ethernet Type:                IEC-GOOSE (0x88B8)
├─ IEC-GOOSE
│   ├─ AppID:                        0x0009
│   ├─ Length:                       178
│   ├─ Reserved1:                    0x0000
│   └─ Reserved2:                    0x0000
└─ PDU
    ├─ PDU Length:                   167
    ├─ GOOSE Control Reference (gcRef):    PL2211ANPI1/LLN0$GO$gocb0
    ├─ Time Allowed To Live (TTL):   10000
    ├─ DataSet Reference (datSet):   PL2211ANPI1/LLN0$dsGOOSE0
    ├─ Application ID (gcID):        PL2211ANPI1/LLN0.gocb0
    ├─ Event Timestamp (time):       2014-07-01 15:21:51.096998 Tq: 0A
    ├─ State Change Number (stNum):  10
    ├─ Sequence Number (sqNum):      852
    ├─ Test Mode (test):             FALSE
    ├─ Configure Rev (confRev):      1
    ├─ Needs Commissioning (ndsCom): FALSE
    ├─ Num Data Entries (entriesNum): 18
    └─ DataSet
        ├─ 001-开关1A相跳闸_GOOSE
        │   └─ BOOLEAN:              FALSE
        ├─ 002-开关1A相跳闸_GOOSE
        │   └─ BOOLEAN:              FALSE
        ├─ 003-开关1A相跳闸_GOOSE
        │   └─ BOOLEAN:              FALSE
        ├─ 004-启动开关1A相失灵_GOOSE
        │   └─ BOOLEAN:              FALSE
        ├─ 005-启动开关1A相失灵_GOOSE
        │   └─ BOOLEAN:              FALSE
        ├─ 006-启动开关1A相失灵_GOOSE
        │   └─ BOOLEAN:              FALSE
        ├─ 007-闭锁开关1重合闸_GOOSE
        │   └─ BOOLEAN:              FALSE
        ├─ 008-开关2A相跳闸_GOOSE
        │   └─ BOOLEAN:              FALSE
        ├─ 009-开关2A相跳闸_GOOSE
        │   └─ BOOLEAN:              FALSE
        ├─ 010-开关2A相跳闸_GOOSE
        │   └─ BOOLEAN:              FALSE
        ├─ 011-启动开关2A相失灵_GOOSE
        │   └─ BOOLEAN:              FALSE
        └─ 012-启动开关2A相失灵_GOOSE
            └─ BOOLEAN:              FALSE
```

图 3-10　某线路保护的 GOOSE 报文

2）Source（源地址）。装置板卡的物理地址，在过程层应用中没有实际意义，但也应保证其不冲突，该物理地址可由厂家修改，在 SCL 文件中没有定义。

3）VLAN 信息包括 VLAN 标志（VLAN-ID/VID）和 VLAN 优先级（VLAN-PRIORITY）。GOOSE 报文中的 VID 为十进制数，范围为 1～4096。VID 具体由<GSE>/<Address>的@VLAN-ID 定义，@VLAN-ID 是十六进制数。Priority 具体由<GSE>/<Address>的@VLAN-PRIORITY 定义，优先级从 1～7，默认优先级为 4。

4）AppID。AppID 是 GOOSE 报文的另一个重要标志，一般配置成与目的地址的后 2 字节相同。它由<GSE>/<Address>的@APPID 定义。

GOOSE 网络参数与<GSE>/<Address>的对应关系，如图 3-11 所示。

| PL2211AN | ▲ GSE (1) | ☰ cbName | = ldInst | () Address | | | () MinTime | () MaxTime | |
|---|---|---|---|---|---|---|---|---|---|
| | | ☰ cbName | = ldInst | ☰ Address | | | ☴ MinTime | ☴ MaxTime | |
| | 1 | gocb0 | PI1 | ☰ Address | | | | ☰ multiplier | m |
| | | | | ▲ P | | | | ☰ unit | s |
| | | | | | ☰ type | MAC-Address | | Abc Text | 5000 |
| | | | | | Abc Text | 01-0C-CD-01-00-09 | | | |
| | | | | ▲ P | | | | | |
| | | | | | ☰ type | VLAN-ID | | | |
| | | | | | Abc Text | 000 | | | |
| | | | | ▲ P | | | | | |
| | | | | | ☰ type | VLAN-PRIORITY | | | |
| | | | | | Abc Text | 4 | | | |
| | | | | ▲ P | | | | | |
| | | | | | ☰ type | APPID | | | |
| | | | | | Abc Text | 0009 | | | |

图 3-11　GOOSE 网络参数与<GSE>/<Address>的对应关系

（2）GOOSE 参数。

1）GOOSE Control（Block）Reference（GOOSE 控制块索引）。它是 GOOSE 报文的重要标志，控制块索引为 IED+LD/LN$GO$gocbName，gocbName 由<GSEControl>的 @name 属性定义。例如，PL2211ANPI1/LLN0$GO$gocb0。

2）Time Allowed To Live（报文生存时间）。它应为 "MaxTime" 配置参数的两倍（即 2T0）。若订阅此 GOOSE 报文的装置在 2T0 时间内没有收到报文，将判断此 GOOSE 链路中断。"MaxTime" 由<GSE>/<MaxTime>定义。

3）DataSet Reference（数据集索引）。它是 GOOSE 报文的重要标志。数据集索引为 IED+LD/LN$GO$datSet。datSet 由<GSEControl>的@datSet 定义。例如，220 线路保护的数据集索引为 PL2211ANPI1/LLN0$dsGOOSE0。

4）GOOSE ID。它是 GOOSE 报文的又一个重要标志，与目的地址、AppID、GOCBRef 类似，都是 GOOSE 报文的唯一标志。接收方应严格检查 AppID、GOID、GOCBRef、DataSet、ConfRev 等参数是否匹配。GOOSE ID 具体标志由<GSEControl>的@appID 属性定义，如图 3-12 中的 PL2211ANPI1/LLN0.gocb0。

5）Event Timestamp。GOOSE 数据最后一次变位的 UTC 时间。

6）State Change Number（stNum）。其记录 GOOSE 数据总共的变位次数。当 GOOSE 数据发生变化时 stNum 加 1。装置上电时 stNum 应初始化为 1。

7）Sequence Number（sqNum）。其记录 GOOSE 数据最后一次变位至今发送的报文数。它随 GOOSE 心跳报文自动累加 1，当 GOOSE 数据变位时 sqNum 置 0。装置上电时 sqNum 应初始化为 1。

8）Tset（检修标志位）。GOOSE 检修位，接收方据此判断 GOOSE 报文是否为检修状态，并根据检修机制确定是否使用此 GOOSE 报文的内容。一般的，互相连接的 IED 同时处于检修或运行状态时，GOOSE 报文的内容将被采用。否则，接收到的 GOOSE 报文不参与运行处理。

9）Configure Rev（confRev）。其为 GOOSE 报文的重要标志，由<GSEControl>的@ confRev 定义。

GOOSE 报文的 GOOSE 参数在 SCL 文件的<GSEControl>中配置，具体参数如图 3-12 所示。

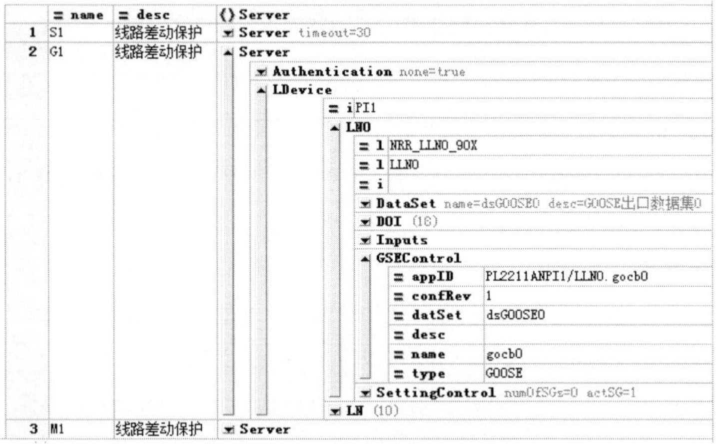

图 3-12  GOOSE 参数的配置

（3）GOOSE 数据。GOOSE 数据项的数目、数据项的次序都是由 SCL 的 GOOSE 数据集定义的，如图 3-13 所示。

| | ldInst | prefix | lnClass | lnInst | doName | daName | fc |
|---|---|---|---|---|---|---|---|
| 1 | PI1 | Break1 | PTRC | 1 | Tr | phsA | ST |
| 2 | PI1 | Break1 | PTRC | 1 | Tr | phsB | ST |
| 3 | PI1 | Break1 | PTRC | 1 | Tr | phsC | ST |
| 4 | PI1 | Break1 | PTRC | 1 | StrBF | phsA | ST |
| 5 | PI1 | Break1 | PTRC | 1 | StrBF | phsB | ST |
| 6 | PI1 | Break1 | PTRC | 1 | StrBF | phsC | ST |
| 7 | PI1 | Break1 | PTRC | 1 | BlkRecST | stVal | ST |
| 8 | PI1 | Break2 | PTRC | 1 | Tr | phsA | ST |
| 9 | PI1 | Break2 | PTRC | 1 | Tr | phsB | ST |
| 10 | PI1 | Break2 | PTRC | 1 | Tr | phsC | ST |
| 11 | PI1 | Break2 | PTRC | 1 | StrBF | phsA | ST |
| 12 | PI1 | Break2 | PTRC | 1 | StrBF | phsB | ST |
| 13 | PI1 | Break2 | PTRC | 1 | StrBF | phsC | ST |
| 14 | PI1 | Break2 | PTRC | 1 | BlkRecST | stVal | ST |
| 15 | PI1 | | RREC | 1 | Op | general | ST |
| 16 | PI1 | RemTr1 | PSCH | 1 | ProRx | stVal | ST |
| 17 | PI1 | RemTr2 | PSCH | 1 | ProRx | stVal | ST |
| 18 | PI1 | | GGIO | 4 | Alm1 | stVal | ST |

图 3-13  GOOSE 数据集示例

GOOSE 数据类型要根据@lnType 索引到模板类<DA>的@bType 属性。GOOSE 数据项的数目、次序、数据类型都是订阅 GOOSE 报文的重要参数。由于 GOOSE 报文并无索引路径，仅能通过 GOOSE 数据项的次序判断订阅数据项，所以改变 SCL 文件中 GOOSE 数据集中<FCDA>的先后次序会导致发布/订阅数据项的次序改变，必须重新下载相关 IED 的 GOOSE 配置。

常见的 GOOSE 参数分为布尔型、位串型、时间型、浮点型 4 种。

1）布尔型有 0 和 1 两种状态，用于表示普通的开关量信号。

2）位串型有 01、10、00、11 共 4 种状态，一般用于表示断路器、隔离开关等双位置信号，01 表示"分"位置，10 表示"合"位置，00 表示"中间"位置，11 表示"无效"位置。

3）时间型数据用于表示数据变位的 UTC 时间，通常在数据集中建立属性名称为 t 的条目。

4）浮点型用于传递温度、湿度等模拟量采集信号。

**5.** SV 报文内容解析

IED 发布的采样值由 SCL 文件中<SampledValueControl>、<DataSet>等元素中的参数定义。SV 在配置文件里分 SV 发送配置与 SV 接收配置，并在 SCD 文件中每个装置的 LLN0（逻辑节点 0）中的 Inputs 部分定义了该装置输入的采样值连线。每一个采样值连线包含了装置内部输入虚端子信号和外部装置的输出信号信息，虚端子与每个外部输出采样值一一对应。Extref 中的 IntAddr 描述了内部输入采样值的引用地址，应填写与之对应的以"SVIN"为前缀的 GGIO 中 DO 信号的引用名，引用地址的格式为"LD/LN.DO"。

每个 SV 数据项由 INT32 带符号整型数据和 4 字节品质位组成，电流单位值为 1mA，电压单位值为 10mV，均为一次值；检修位品质为 0x00000800，数据无效品质为 0x00000001。

SV 报文与 GOOSE 报文类似，分为网络参数、SV 参数和 SV 数据 3 块内容，SV 报文结构示例如图 3 - 14 所示。

与 GOOSE 报文类似，SV 报文的网络参数与 SCL 元素的<SMV>/<Address>对应，如图 3 - 15 所示。

SV 报文参数与合并单元——LN0 中的<SampledValueControl>对应，如图 3 - 16 所示。

```
□- Ethernet
   ├─ Destination MAC:          01-0C-CD-04-40-01
   ├─ Source MAC:               00-E1-C2-C3-C4-C5
   └─ Ethernet Type:            IEC-SV (0x88BA)
□- SV 9-2
   ├─ AppID:                    0x4001
   ├─ Application Length:       203
   ├─ Reserved1:                0x0000
   └─ Reserved2:                0x0000
□- PDU
   ├─ PDU Length:               192
   ├─ Number of Asdu:           1
   ├─ Sequence of ASDU:         186
   └─□- ASDU[1]
       ├─ smvID:                ML2211BMU/LLN0.smvcb0
       ├─ Sample Count (smpCnt):    1677
       ├─ Configure Rev (confRev):  1
       ├─ Sample Sync (smpSynch):   1
       └─□- Sequence of Data:   144
           ├─ 01-MU额定延时9-2        v=0, q=0x00000000
           ├─ 02-A相保护电流9-2       v=-17811, q=0x00000000
           ├─ 03-A相保护电流9-2       v=-17811, q=0x00000000
           ├─ 04-B相保护电流9-2       v=-77917, q=0x00000000
           ├─ 05-B相保护电流9-2       v=-77917, q=0x00000000
           ├─ 06-C相保护电流9-2       v=95723, q=0x00000000
           ├─ 07-C相保护电流9-2       v=95723, q=0x00000000
           ├─ 08-A相测量电流9-2       v=-17811, q=0x00000000
           ├─ 09-B相测量电流9-2       v=-77917, q=0x00000000
           ├─ 10-C相测量电流9-2       v=95723, q=0x00000000
           ├─ 11-A相测量电压9-2       v=-3142194, q=0x00000000
           ├─ 12-A相测量电压9-2       v=-3142194, q=0x00000000
           ├─ 13-B相测量电压9-2       v=-13745731, q=0x00000000
           ├─ 14-B相测量电压9-2       v=-13745731, q=0x00000000
           ├─ 15-C相测量电压9-2       v=16887378, q=0x00000000
           ├─ 16-C相测量电压9-2       v=16887378, q=0x00000000
           ├─ 17-中性点零序电流9-2     v=-5, q=0x00000000
           └─ 18-同期电压9-2         v=0, q=0x00000000
```

图 3-14　SV 报文结构示例

| SMV (1) | | | | | | |
|---|---|---|---|---|---|---|
| | ≡ cbName | ≡ ldInst | ( ) Address | | | |
| 1 | smvcb0 | MU | Address | | | |
| | | | | P | | |
| | | | | | ≡ type | MAC-Address |
| | | | | | Abc Text | 01-0C-CD-04-40-01 |
| | | | | P | | |
| | | | | | ≡ type | VLAN-ID |
| | | | | | Abc Text | 000 |
| | | | | P | | |
| | | | | | ≡ type | VLAN-PRIORITY |
| | | | | | Abc Text | 4 |
| | | | | P | | |
| | | | | | ≡ type | APPID |
| | | | | | Abc Text | 4001 |

图 3-15　SV 报文的网络参数与<SMV>/<Address>的对应关系

| SampledValueControl (1) | | | | | | | |
|---|---|---|---|---|---|---|---|
| | ≡ name | ≡ datSet | ≡ confRev | ≡ smvID | ≡ multicast | ≡ smpRate | ≡ nofASDU | ≡ desc |
| 1 | smvcb0 | dsSV0 | 1 | ML2211BMU/LLN0.smvcb0 | true | 4000 | 1 |

图 3-16　SV 报文参数与<SampledValueControl>的对应关系

SV 报文数据与合并单元——LN0 中的<DataSet>对应，如图 3-17 所示。

**6.** 报文时间均匀性分析

在报文分组树形列表区选择采样值分组内的一个 AppID 分组，在报文分析区左下方会出现波形分析的标签〖 🔵 时间均匀性分析〗，选择〖 🔵 时间均匀性分析〗标签就会出现如图 3-18 所示的分析界面。

注意：只有选择采样值分组内的一个 AppID 分组才能进行时间均匀性分析。

| | ☰ name | ☰ desc | ◇) FCDA | | | | | |
|---|---|---|---|---|---|---|---|---|
| 1 | dsSV0 | SMV出口数据集0 | ◆ FCDA (18) | | | | | |
| | | | | ☰ ldInst | ☰ lnClass | ☰ lnInst | ☰ doName | ☰ fc |
| | | | 1 | MU | TVTR | 1 | Vol | MX |
| | | | 2 | MU | TCTR | 1 | Amp | MX |
| | | | 3 | MU | TCTR | 1 | AmpChB | MX |
| | | | 4 | MU | TCTR | 2 | Amp | MX |
| | | | 5 | MU | TCTR | 2 | AmpChB | MX |
| | | | 6 | MU | TCTR | 3 | Amp | MX |
| | | | 7 | MU | TCTR | 3 | AmpChB | MX |
| | | | 8 | MU | TCTR | 6 | Amp | MX |
| | | | 9 | MU | TCTR | 7 | Amp | MX |
| | | | 10 | MU | TCTR | 8 | Amp | MX |
| | | | 11 | MU | TVTR | 2 | Vol | MX |
| | | | 12 | MU | TVTR | 2 | VolChB | MX |
| | | | 13 | MU | TVTR | 3 | Vol | MX |
| | | | 14 | MU | TVTR | 3 | VolChB | MX |
| | | | 15 | MU | TVTR | 4 | Vol | MX |
| | | | 16 | MU | TVTR | 4 | VolChB | MX |
| | | | 17 | MU | TCTR | 4 | Amp | MX |
| | | | 18 | MU | TVTR | 5 | Vol | MX |

图 3-17　SV 报文数据与<DataSet>的对应关系

图 3-18　时间均匀性分析

## 3.1.2　解析智能变电站波形

ZHNPA 报文分析软件可以根据打开的报文数据文件中的采样值报文绘制出相应的波形。

**1.** 打开波形分析界面

在报文分组树形列表区选择采样值分组内的一个 AppID 分组，在报文分析区左下方会出现波形分析的标签〖 波形分析〗，选择〖 波形分析〗标签就会出现如图 3-19 所示的波形分析界面。

注意：只有选择采样值分组内的一个 AppID 分组才能绘制波形。

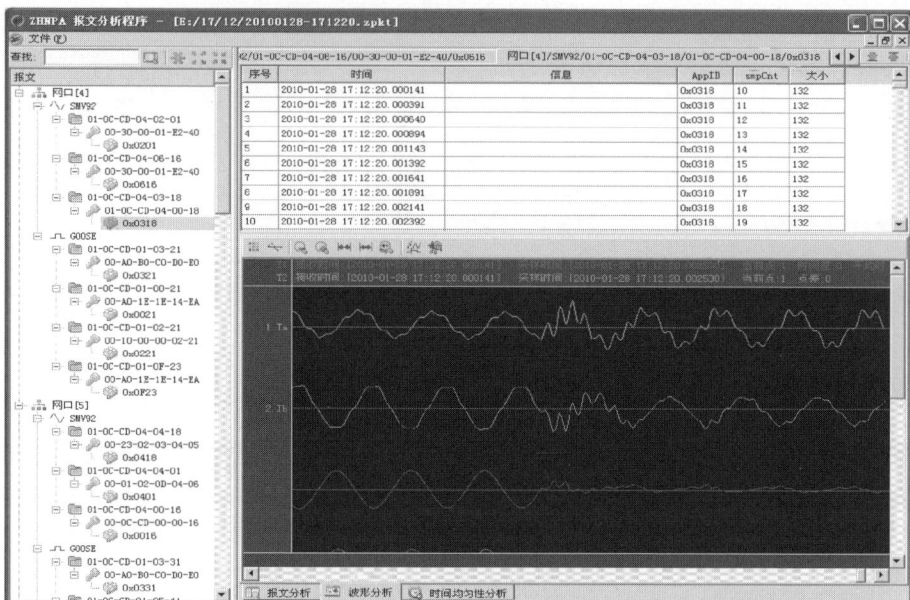

图 3-19　波形分析界面

**2.** 切换背景配色方案

　　ZHNPA 报文分析软件的波形分析区提供黑色、白色和灰色 3 种背景配色方案，软件的默认配色方案是黑色背景。在计算机屏幕上黑色背景比白色背景看起来显示效果更好，但白色背景适合制作需要打印机输出的文档资料，而灰色背景在投影显示时效果较好。

　　单击工具栏上的〖▦〗按钮即可切换背景色，如图 3-20 所示。

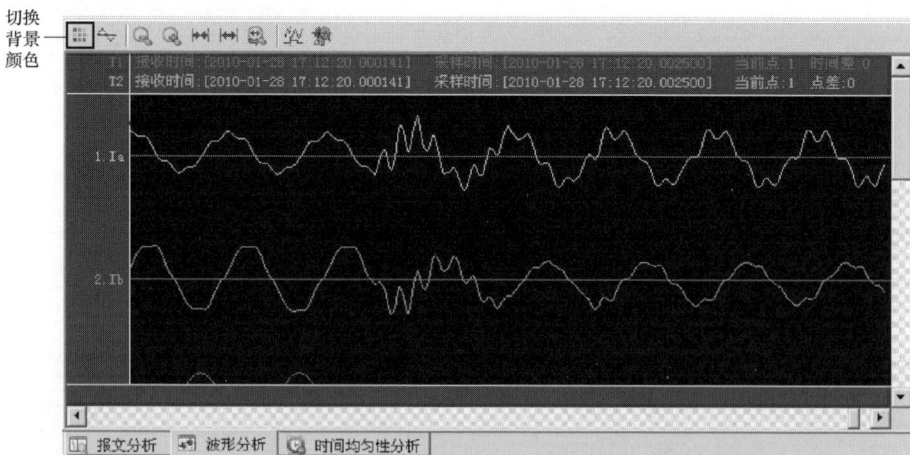

图 3-20　切换背景配色方案

**3.** 光标定位

在 ZHNPA 报文分析软件的波形分析界面中有 T1 和 T2 两个光标，鼠标左键按下定位 T1 光标，鼠标右键按下定位 T2 光标。T1 光标是紫色的虚线，T2 光标是橙黄色的点画线，如图 3-21 所示。光标定位后在波形视区的最上边可以看到两个光标点的报文接收时间、采样时间、当前点号、时间差、点差等信息。

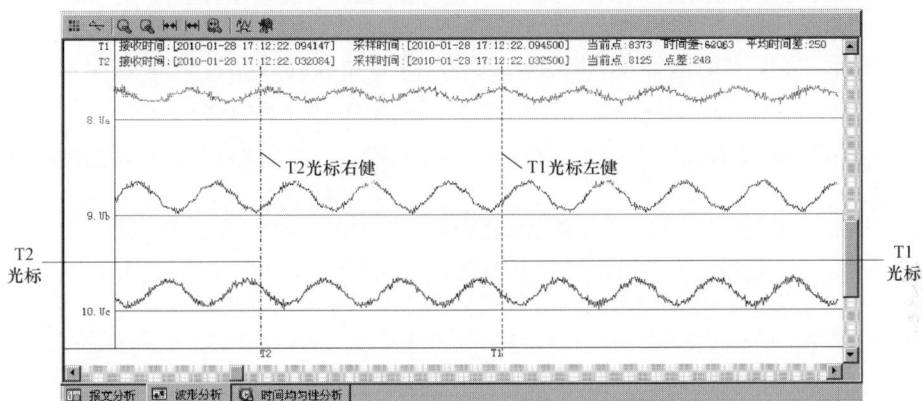

图 3-21　光标定位

使用键盘的左、右方向键，可以微调 T1 光标位置；按住 Shift 键后再按左、右方向键，可以微调 T2 光标位置；微调时每次移动 1 个采样点。

**4.** 波形缩放

ZHNPA 报文分析软件的波形分析支持波形的横向缩放，且无论如何缩放均可自由滚动定位、迅速还原、迅速显示全图。

缩放控制均由波形分析界面上的工具按钮实现，如图 3-22 所示。

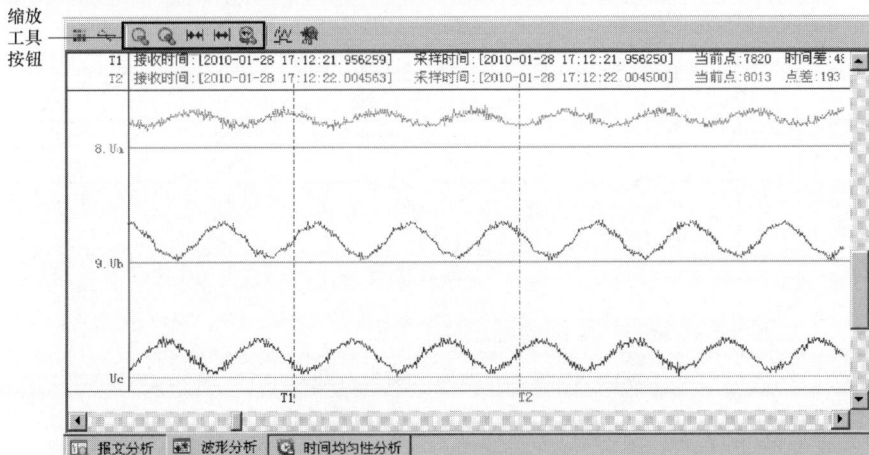

图 3-22　快速缩放

每单击一次工具栏上的〖🔍〗按钮，波形沿时间轴方向缩小到当前的一半；每单击一次工具栏上的〖🔍〗按钮，波形沿时间轴方向放大到当前的两倍。横向区间展开是将 T1 和 T2 两个光标线之间的波形展开到整个波形绘图区中，具体方法：首先用 T1 和 T2 光标限定需要展开的波形区间，然后单击工具栏上的〖↔〗按钮即可。横向显示全图的具体方法：单击工具栏上的〖↔〗按钮，整个波形将被压缩显示在波形绘图区中。横向缩放比例还原的具体方法：单击工具栏上的〖🔍〗按钮，将横向缩放比例恢复到 100%。横向缩放的最小比例是在波形绘图区内可以显示全图，最大比例是在波形绘图区内至少显示两个采样点。

图 3-23 是波形横向放大后的效果，图 3-24 是波形横向缩小后的效果。

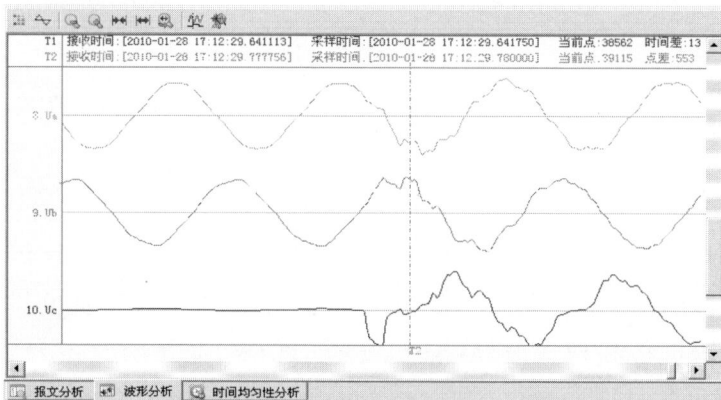

图 3-23　波形横向放大后的效果

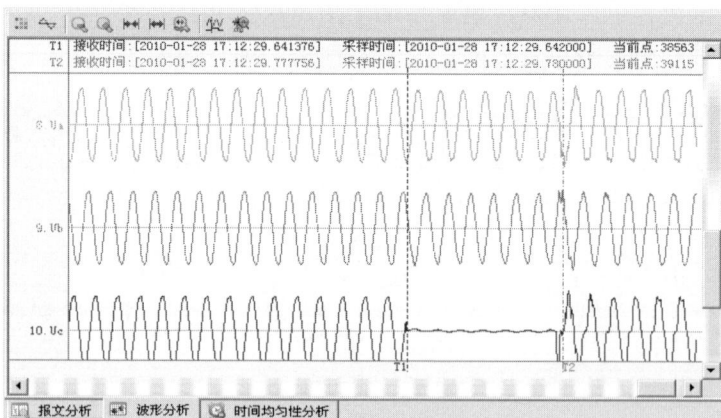

图 3-24　波形横向缩小后的效果

**5. 绘制模式切换**

单击工具栏上的〖～〗按钮，可以切换所有通道曲线是否按离散点模式绘制。

当波形为原始比例显示时，按离散点模式绘制的波形如图 3－25 所示，此时对波形进行横向展开后才能看到效果。

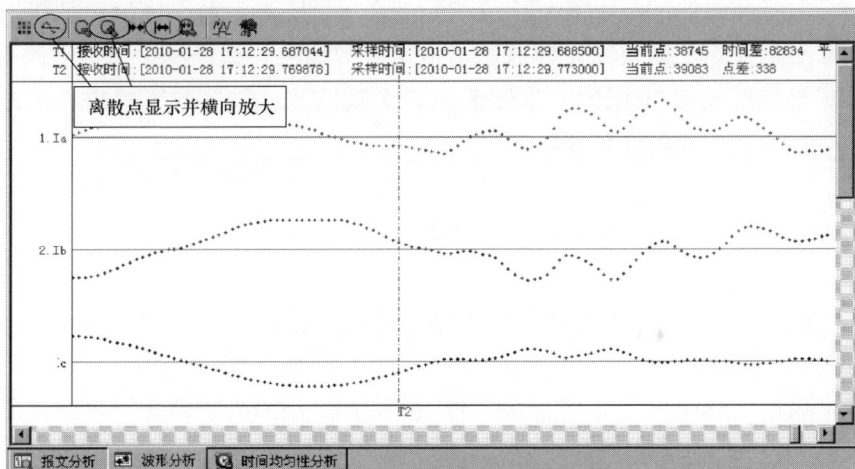

图 3－25　按离散点模式绘制的波形

**6.** 导出波形数据

ZHNPA 报文分析软件可以将根据报文绘制的波形以 COMTRADE 1999 格式导出，单击〖　〗按钮，在弹出的如图 3－26 所示的对话框中，设置好参数后单

图 3－26　波形数据的导出

击〖 ✓ 确定 〗按钮，会弹出"另存为"对话框，选择好目录且输入文件名后确定即可将波形保存为 COMTRADE 1999 格式。

为了生成准确的 COMTRADE 1999 文件，需要对当前采样值控制块的相关属性进行配置，除了需要给采样值通道指定"数据集模板"和"数值转换标准"外，还需要配置电流/电压的一次侧值、二次侧值及过载倍数等参数，这样就可以完整地配置采样值的通道属性。

## 3.2 智能变电站描述文件——SCL 文件

IEC 61850-6 第一版规定的 SCL 文件包括 IED 能力描述（IED Capability Description，ICD）、IED 实例配置描述（Configured IED Description，CID）、SCD、系统规格描述（System Specification Description，SSD）4 种文件类型。在 IEC 61850-6 第二版中新增了系统交换描述（System Exchange Description，SED）文件和实例化的 IED 描述（Instantiated IED Description，IID）文件两种配置文件。为了简化，本书仅介绍目前变电站组态配置常用的 ICD、CID 和 SCD 3 种基本文件类型。

SCL 文件是一种带有可扩展标记语言（Extensible Markup Language，XML）格式的文件，XML 允许用户对自己的标记语言进行定义，以便标记数据和定义数据类型。电力行业制定的一系列标准已经在很大程度上规范了 IED 模型的工程应用，加之标准化和实用化配置工具的推广和可视化技术的出现，配置文件难以看懂、难以普及的尴尬局面正在逐步缓解。尽管如此，掌握 SCL 文件的基本结构有助于工程人员对一些实际问题进行分析，找出正确的解决方案，提升智能变电站运行维护的效率。

标准的 SCL 文件包含了 5 个元素，分别是 Header、Substation（含有 SSD 的 SCD 才有此元素，目前常规配置的 SCD 文件中没有）、Communication、IED 和 DataTypeTemplates，如图 3-27 所示为 PCS923 断路器保护 ICD 配置文件结构示意图。

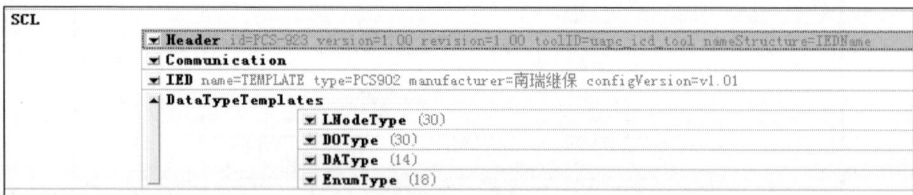

图 3-27　PCS923 断路器保护 ICD 配置文件结构示意图

从图 3－27 中可以看出，SCL 文件是一种典型的嵌套定义结构的 XML 文档，<SCL>是根元素，其下设置有<Header>、<Substation>、<Communication>、<IED>、<DataTypeTemplates>5 个子元素，每个元素又定义了属性和其子元素，典型的 SCL 文件结构示意图如图 3－28 所示。

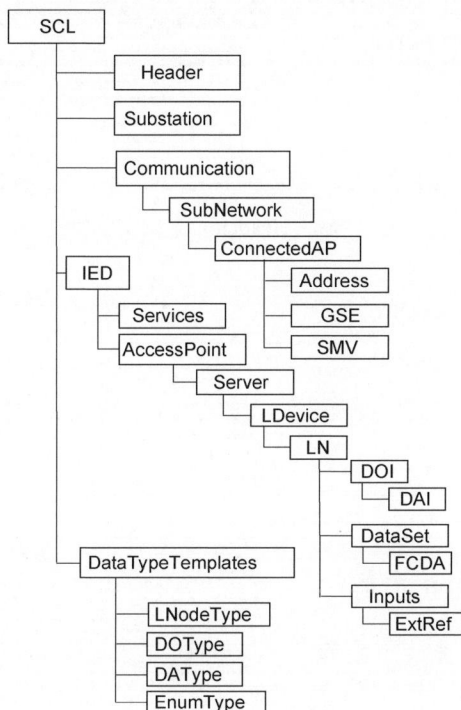

图 3－28　典型的 SCL 文件结构示意图

### 3.2.1　Header 元素

Header 元素包含了 SCL 文件的配置版本、名称、配置工作等信息，其中版本的更迭是最重要的。系统配置工具应该能自动生成 SCD 文件版本（version）、SCD 修订版本（revision）和生成时间（when），而用户可自己填写修改人（who）、修改什么（what）和修改原因（why）。Header 元素结构示例如图 3－29 所示。

### 3.2.2　Substation 元素

变电站模型是基于变电站功能结构的对象分层，其目的是说明逻辑节点和变电站功能，并从变电站结构中导出逻辑节点的功能说明。通过这些描述和说明最终形成 SSD 文件，用于一、二次设备之间的数据关系描述，以便促进变电站整体设计模式的发展。但因为调度主站系统的模型建模并不参考 SSD 模型，故目前智能变电站的 SCD 文件中一般不包含 SSD 文件，也就不包含 Substation 元素。Substation 元素示例如图 3 - 30 所示。

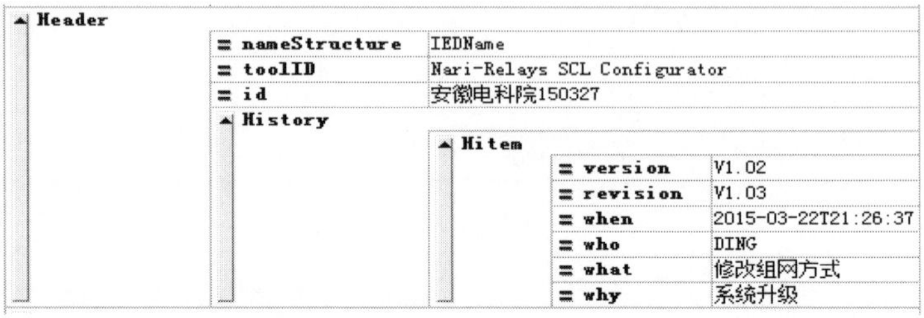

图 3 - 29　Header 元素结构示例

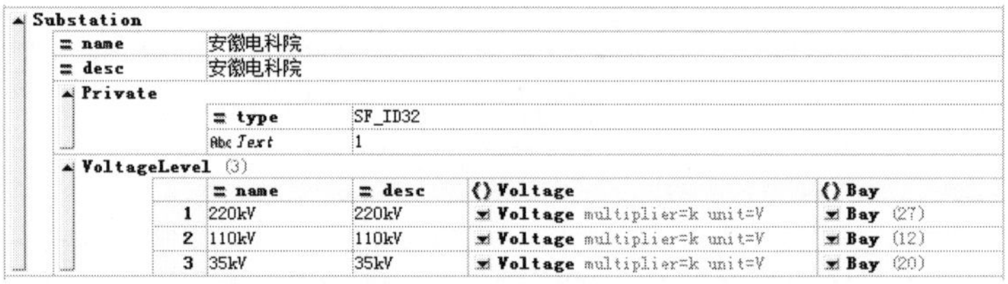

图 3 - 30　Substation 元素示例

### 3.2.3　Communication 元素

Communication 元素定义逻辑节点之间通过逻辑纵向和 IED 接入点之间的联系方式，组态配置中的通信参数配置都将在<Communication>中完成，它包含了变电站网络划分、站控层访问所需的 IP 地址、过程层控制块的组播地址、AppID、VLAN 信息等。

（1）<Subnetwork>是<Communication>的子元素，包含变电站的子网，一般可将变电站的网络划分为 MMS - A（MMS - B）、GOOSE - 220（GOOSE - 220 - A/B，220kV 部分的 GODSE 一般分 A/B 网）、GOOSE - 110（110kV 部分的 GOOSE 一般只有单网）、SV，并分别在不同子网中定义 IED 访问接口的通信参数，如图 3 - 31 所示。

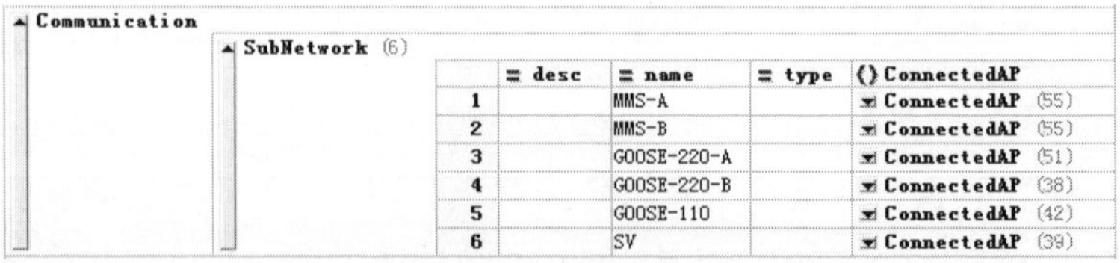

图 3 - 31　<Subnetwork>元素结构

（2）<ConnectedAP>是<Subnetwork>的子元素，它包含两个基本参数：@iedName 和@apName，意思是针对 IED 的访问点（AccessPoint）制定其访问接口的通信参数，这种元素之间的关系满足唯一性约束，是理解 SCL 文件结构的关键，如图 3－32 所示。

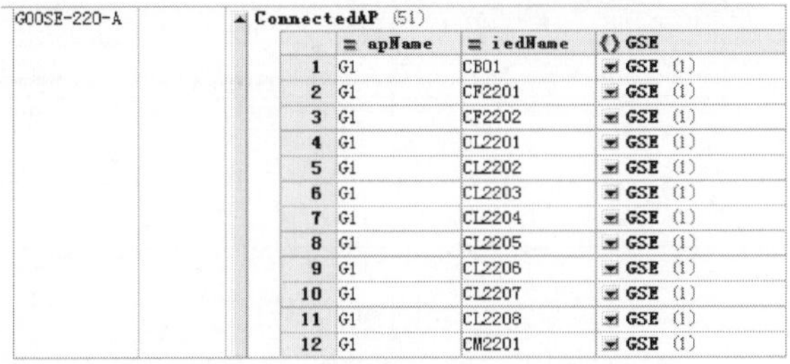

图 3－32　<ConnectedAP>元素结构

（3）<Adresss>是<ConnectedAP>的子元素，包含 IED 的站控层访问点（通常为 S1）的 IP 地址。监控后台（Client）需要通过这个 IP 与 IED（Server）建立 TCP/IP 连接，进而开始 IEC 61850 服务的响应。对于站控层配置双网的变电站，通常将同一 IED 站控层访问点纳入不同的子网（MMS－A 和 MMS－B），分配不同网段的 IP 地址，如图 3－33 所示。

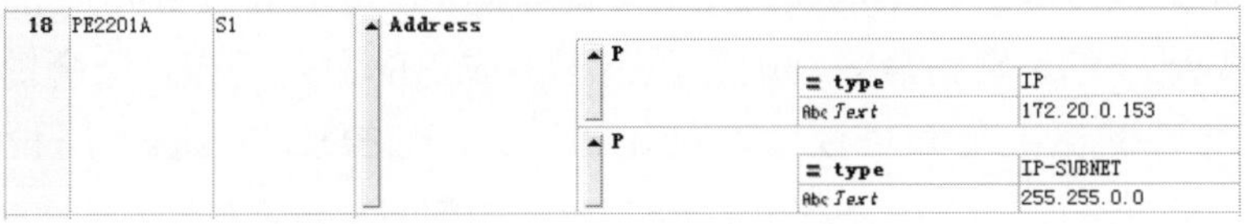

图 3－33　<Adresss>元素结构

（4）<GSE>是<ConnectedAP>的子元素，它的@ldInst 和@cbName 参数可以唯一索引到 IED 的 GOOSE 控制块，并定义了 GOOSE 控制块的通信接口参数。<GSE>包含@MAC－Adress、@APPID、@VLAN－PRIORITY、@VLAN－ID、@Mintime、@Maxtime 参数，如图 3－34 所示。

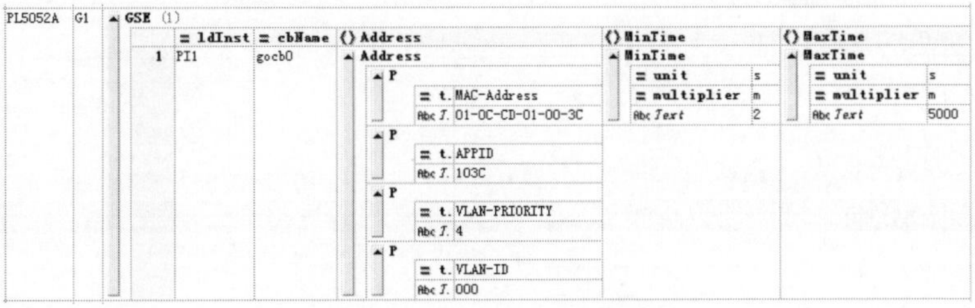

图 3－34　<GSE>元素结构

（5）<SMV>是<ConnectedAP>的子元素，它定义了 SV 控制块的通信接口参数，由于 SV 报文与 GOOSE　报文同属组播方式，因此<SMV>的结构与<GSE>非常相似。<SMV>元素结构如图 3－35 所示。

| MB5052A | M1 | ◢ SMV (1) | | | |
|---|---|---|---|---|---|
| | | | ≡ ldInst | ≡ cbName | () Address |
| | | 1 | MUSV01 | MSVCB01 | ◢ Address |
| | | | | | ◢ P |
| | | | | | ≡ type | MAC-Address |
| | | | | | Abc Text | 01-0C-CD-04-00-03 |
| | | | | | ◢ P |
| | | | | | ≡ type | APPID |
| | | | | | Abc Text | 4003 |
| | | | | | ◢ P |
| | | | | | ≡ type | VLAN-PRIORITY |
| | | | | | Abc Text | 4 |
| | | | | | ◢ P |
| | | | | | ≡ type | VLAN-ID |
| | | | | | Abc Text | 000 |

图 3－35　<SMV>元素结构

### 3.2.4　IED 元素

IED 元素描述所有 IED 的信息，如访问点（AccessPoint）、逻辑设备（LDevice）、逻辑节点（LN）、示例化数据对象（DOI）及数据集（DataSet）和订阅（Inputs）。

IED 元素具有唯一约束的属性是@iedName，它是 IED 全站唯一的命名，是组态配置时定义的，它的命名规则遵循工程上成熟的命名规则，这套规则有助于提升配置文件的标准化和可读性，具体如下：① IED 的@desc 用设计命名；② IED 的@name 字段应由 4 部分组成：设备类型+间隔类型+间隔名+A/B 套。

其中，设备类型有如下几种：

保护：P。

测控：C。

智能终端：I。

合并单元：M。

间隔类型有如下几种：

母线间隔：M。

线路间隔：L。

变压器间隔：T。

开关间隔：B。

母联间隔：F。

分段间隔：E。

间隔名有如下几种：

500kV 间隔：50××

220kV 间隔：22××

110kV 间隔：11××

35kV 间隔：35××

10kV 间隔：10××

主变压器本体间隔：40××

一些 IED 的典型命名如图 3-36 所示。

| | ≡ name | ≡ type | ≡ desc | ≡ manufacturer | ≡ configVersion |
|---|---|---|---|---|---|
| 1 | CB5051 | NS3560 | 5051开关测控 | 国电南瑞 | V2.00 |
| 2 | PB5051A | PCS-921G-D | 5051开关第一套保护 | 南瑞继保 | R2.00 |
| 3 | PB5051A | NSR_321A_DA_G | 5051开关第二套保护 | 国电南瑞 | V3.00 |
| 4 | MB5051A | NSR386A | 5051开关第一套电流合并单元 | 国电南瑞 | V1.05 |
| 5 | MB5051B | NSR386A | 5051开关第二套电流合并单元 | 国电南瑞 | V1.05 |
| 6 | IB5051A | NSR385A | 5051开关第一套智能终端 | 国电南瑞 | V1.00 |
| 7 | IB5051B | NSR385A | 5051开关第二套智能终端 | 国电南瑞 | V1.00 |
| 8 | CB5052 | NS3560 | 5052开关测控 | 国电南瑞 | V2.00 |
| 9 | PB5052A | PCS-921G-D | 5052开关第一套保护 | 南瑞继保 | R2.00 |
| 10 | PB5052B | NSR_321A_DA_G | 5052开关第二套保护 | 国电南瑞 | V3.00 |
| 11 | MB5052A | NSR386A | 5052开关第一套电流合并单元 | 国电南瑞 | V1.05 |
| 12 | MB5052B | NSR386A | 5052开关第二套电流合并单元 | 国电南瑞 | V1.05 |
| 13 | IB5052A | NSR385A | 5052开关第一套智能终端 | 国电南瑞 | V1.00 |
| 14 | IB5052B | NSR385A | 5052开关第二套智能终端 | 国电南瑞 | V1.00 |
| 15 | CB5053 | NS3560 | 5053开关测控 | 国电南瑞 | V2.00 |
| 16 | PB5053B | PCS-921G-D | 5053开关第一套保护 | 南瑞继保 | R2.00 |
| 17 | PB5053B | NSR_321A_DA_G | 5053开关第二套保护 | 国电南瑞 | V3.00 |
| 18 | MB5053A | NSR386A | 5053开关第一套电流合并单元 | 国电南瑞 | V1.05 |

图 3-36  一些 IED 的典型命名

（1）<AccessPoint>是<IED>的子元素，访问点体现通信服务，与具体物理网络服务无关。一个访问点可以支持多个物理网口。无论物理网口是否合一，站控层 MMS 服务、过程层 GOOSE 服务与 SV 服务均应分别建立访问点。其唯一约束属性是@name，一般的，S1 表示站控层 MMS 服务，G1 表示过程层 GOOSE 服务，M1 表示过程层采样值服务。

（2）<LDevice>是<AccessPoint>的子元素，逻辑设备体现的是 IED 内某一完整功能，<LDevice>具有唯一约束的属性是@inst。逻辑设备的划分宜依据功能进行，按以下几种类型进行划分：

1）公用 LD，inst 名为"LD0"。

2）测量 LD，inst 名为"MEAS"。

3）保护 LD，inst 名为"PROT"。

4）控制 LD，inst 名为"CTRL"。

5）GOOSE 过程层访问点 LD，inst 名为"PI"。

6）SV 过程层访问点 LD，inst 名为"SVLD"。

7）智能终端 LD，inst 名为"RPIT"。

8）录波 LD，inst 名为"RCD"。

9）合并单元 GOOSE 访问点 LD，inst 名为"MUGO"。

10）合并单元 SV 访问点 LD，inst 名为"MUSV"。

一些 IED 的逻辑设备命名如图 3-37 所示。

| | n. | desc | Server | | | | | | |
|---|---|---|---|---|---|---|---|---|---|
| | | | Server | | | | | | |
| 1 | S1 | 超高压线路保护装置 | Server | | | | | | |
| | | | | timeout | | 30 | | | |
| | | | | Authentication | none=true | | | | |
| | | | | LDevice (3) | | | | | |
| | | | | | inst | desc | LN0 | | LN |
| | | | | 1 | LD0 | LD0 | LN0 lnClass=LLN0 ln... | | LN (24) |
| | | | | 2 | RCD | 录波LD | LN0 lnClass=LLN0 ln... | | LN (3) |
| | | | | 3 | PROT | 保护逻辑LD | LN0 lnClass=LLN0 ln... | | LN (78) |
| 2 | G1 | 超高压线路保护装置 | Server | | | | | | |
| | | | | Authentication | none=true | | | | |
| | | | | LDevice | | | | | |
| | | | | | inst | PI1 | | | |
| | | | | | LN0 lnClass=LLN0 lnType=PL5051A_NKR_LLN0_90X inst= | | | | |
| | | | | | LN (13) | | | | |
| 3 | M1 | 超高压线路保护装置 | Server | | | | | | |
| | | | | Authentication | | | | | |
| | | | | LDevice | | | | | |
| | | | | | inst | SVLD1 | | | |
| | | | | | LN0 lnClass=LLN0 lnType=PL5051A_NKR_LLN0_90X inst= | | | | |
| | | | | | LN (12) | | | | |

| | n. | Server | | | | | | |
|---|---|---|---|---|---|---|---|---|
| | | Server | | | | | | |
| 1 | M1 | Server | | | | | | |
| | | | Authentication | | | | | |
| | | | LDevice (2) | | | | | |
| | | | | inst | desc | LN0 | LN | |
| | | | | 1 | MUSV01 | 合并单元SV发送 | LN0 | LN (47) |
| | | | | 2 | MUSV02 | 合并单元SV接收 | LN0 | LN (2) |
| 2 | G1 | Server | | | | | | |
| | | | Authentication | | | | | |
| | | | LDevice | | | | | |
| | | | | inst | MUGO | | | |
| | | | | desc | 合并单元GOOSE | | | |
| | | | | LN0 lnClass=LLN0 lnType=GDNR_V2_LLN0_NSR386A inst= desc=LLN0 | | | | |
| | | | | LN (5) | | | | |

图 3-37　一些 IED 的逻辑设备命名

（3）<LN>是<LDevice>的子元素，逻辑节点描述了逻辑设备的最小功能单元，<LN>属性包括@lnType、@prefix、@lnClass、@inst，其中，@lnType 可以索引至逻辑节点模板类（LNodeType），@prefix+@lnClass+@inst 则构成了<LN>唯一约束名（LNName），用以区分一个 IED 的同一个 LD 内不同 LN 实例。LN0 是特殊的逻辑节点，包含了数据集、控制块、订阅等子元素。线路保护的 LN 元素示例如图 3-38 所示。

```
<IED name="PL5052A" type="PCS-931GYMM-D-HD" desc="500kV众长5371线第一套线路保护" manufacturer="南瑞继保" configVersion="V1.01">
    <Private type="NR_Board">Type:NR1136,Slot:B07,Fiber:8</Private>
    <Services>
    <AccessPoint name="S1" desc="超高压线路保护装置">
    <AccessPoint name="G1" desc="超高压线路保护装置">
        <Server>
            <Authentication none="true"/>
            <LDevice inst="PI1">
                <LN0 lnClass="LLN0" lnType="PL5052A_NRR_LLN0_90X" inst="">
                <LN lnClass="LPHD" lnType=PL5052A_NRR_LPHD_931" inst="1">
                <LN prefix="GOIN" lnClass="GGIO" lnType="PL5052A_NRR_GGIO_DPC" inst="1" desc="GOOSE输入1">
                <LN prefix="GOIN" lnClass="GGIO" lnType="PL5052A_NRR_GGIO_SPC" inst="2" desc="GOOSE输入2">
                <LN prefix="GOIN" lnClass="GGIO" lnType="PL5052A_NRR_GGIO_SPC" inst="3" desc="GOOSE输入23">
                <LN prefix="GOIN" lnClass="GGIO" lnType="PL5052A_NRR_GGIO_SPC" inst="4" desc="GOOSE输入35">
                <LN prefix="GOIN" lnClass="GGIO" lnType="PL5052A_NRR_GGIO_SPC" inst="5" desc="GOOSE输入35">
                <LN prefix="Break1" lnClass="PTRC" lnType="PL5052A_NRR_PTRC" inst="1" desc="GOOSE 开关1跳闸出口">
                <LN prefix="Break2" lnClass="PTRC" lnType="PL5052A_NRR_PTRC" inst="1" desc="GOOSE 开关2跳闸出口">
                <LN prefix="Break1" lnClass="PTRC" lnType="PL5052A_NRR_PTRC" inst="2" desc="GOOSE 开关1不一致跳闸出口">
                <LN lnClass="RREC" lnType="PL5052A_NRR_RREC" inst="1" desc="GORREC_GOOSE重合闸出口">
                <LN prefix="RemTr1" lnClass="PSCH" lnType="PL5052A_NRR_PSCH" inst="1" desc="GOOSE远传1命令输出">
                <LN prefix="RemTr2" lnClass="PSCH" lnType="PL5052A_NRR_PSCH" inst="1" desc="GOOSE远传2命令输出">
                <LN lnClass="GGIO" lnType="PL5052A_NRR_GGIO_ALM" inst="6" desc="ChalmGGIO_GOOSE通道告警输出">
            </LDevice>
        </Server>
    </AccessPoint>
    <AccessPoint name="M1" desc="超高压线路保护装置">
```

图 3-38　线路保护的<LN>元素示例

（4）<DataSet>是<LN0>的子元素，它是一组带有功能约束的数据属性（Functionally Constrained Data Attribute，FCDA）的集合，<DataSet>的唯一约束是@name。<DataSet>也是组态配置的一个内容，可以根据实际情况增加、删减、调整其<FCDA>子元素。数据集是一个 IED 对外发布的接口描述。

测控装置预定的数据集一般有如下几种：① 遥测（dsAin）；② 遥信（dsDin）；③ 故障信号（dsAlarm）；④ 告警信号（dsWarning）；⑤ 通信工况（dsCommState）；⑥ 装置参数（dsParameter）；⑦ 联闭锁状态（dsInterLock）；⑧ GOOSE 输出信号（dsGOOSE）。测控装置的 LN0 的数据集类型示例如图 3-39 所示。

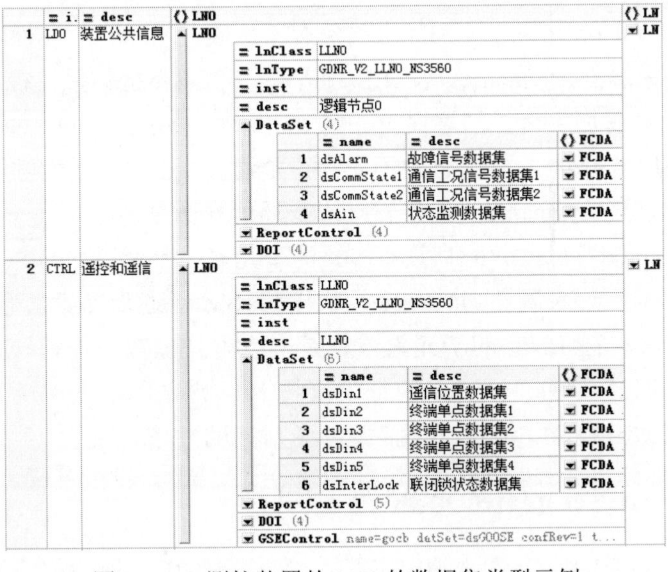

图 3-39　测控装置的 LN0 的数据集类型示例

保护装置预定的数据集一般有如下几种：① 保护事件（dsTripInfo）；② 保护遥信（dsRelayDin）；③ 保护压板（dsRelayEna）；④ 保护录波（dsRelayRec）；⑤ 保护遥测（dsRelayAin）；⑥ 故障信号（dsAlarm）；⑦ 告警信号（dsWarning）；⑧ 通信工况（dsCommState）；⑨ 装置参数（dsParameter）；⑩ 保护定值（dsSetting）；⑪ GOOSE 输出信号（dsGOOSE）；⑫ 采样值输出值（dsSV）；⑬ 日志记录（dsLog）。保护装置的 LN0 的数据集类型示例如图 3-40 所示。

图 3-40　保护装置的 LN0 的数据集类型示例

（5）<ReportControl>是<LN0>的子元素，是通过@datSet 属性唯一关联的数据集，唯一约束属性为@name。若 IED 中存在多个同类型的报告控制块，那么应在控制块的命名后加字母扩展名区分，如 brcbRelayDinA、brcbRelayDinB 等。

（6）<GSEControl>是<LN0>的子元素，是通过@datSet 属性唯一关联的数据集，唯一约束属性为@name，直接与<GSE>通信参数关联。

（7）<SampledValueControl>是<LN0>的子元素，是通过@datSet 属性唯一关联的数据集，唯一约束属性为@name，直接与<SMV>通信参数关联。

（8）<Inputs>是<LN0>的子元素，它是一组内外虚端子连线（ExtRef）的集合，内部信号路径属性@intAddr 表征了接收 IED 内部的数据属性索引，外部信号则是来自其他 IED 的 FCDA，两者是一一对应的关系。

### 3.2.5　DataTypeTemplates 元素

DataTypeTemplates 元素详细定义了在 SCL 文件中出现的逻辑节点类型模板

及逻辑节点所包含的数据对象、数据属性、枚举类型等模板。模板类是 IED 建模的基础数据类型，在组态配置中是不允许修改的，否则可能导致 IED 模型或行为错误。

（1）<LNodeType>是<DataTypeTemplates>的子元素，它统一扩充逻辑节点类及其数据对象类，<LN>通过@lnType 属性与<LNodeType>的@id 属性关联索引。逻辑节点的数据对象定义在子元素<DO>中，而 IED 中仅定义实例化的数据对象<DOI>。

（2）<DOType>是<DataTypeTemplates>的子元素，它统一扩充公用数据类，<DO>通过@type 属性与<DOType>的@id 属性关联索引。数据对象的数据属性定义在子元素<DA>中，而 IED 中仅定义实例化的数据属性<DAI>。<DA>的@fc是数据属性的功能约束，@bType 是数据属性的数据类型，常见的数据类型有BOOLEAN（布尔型）、Dbpos（双点位置）、Timestamp（时间戳）、INT32（整型）、float（浮点型）等。

## 3.3　智能变电站报文传输机制

首先来看生活中的两个实例：

（1）当用户打开浏览器时，首先要输入登录的网络地址（IP 地址），网站（服务器）响应用户的登录请求并反馈信息，用户可以通过一些操作与网站互动，而不会打扰其他用户浏览该网站。这是一种典型的"点对点"的传输通信方式，TCP/IP 就是一种这样的通信方式。

（2）当用户打开收音机，调整到某一频道后会收到无线电信号，这一过程并不需要广播电台响应用户的请求，也就是说，无线电台并不知道谁正在收听此频道，它需要做的只是将无线电信号发布出去，而最终实现通信行为的是用户自己——用户订阅了这个频道，这是一种典型的"广播"传输通信方式，GOOSE与 SV 采用的就是类似的通信方式。

将这两类通信方式映射到变电站设备的通信上来：

（1）当 SCADA 监控后台需要与间隔层设备通信时，首先需要知道间隔层设备的 IP 地址，两者通过"三次握手"建立 TCP/IP 通信链路，并维护这个链路，在此链路基础上点对点地传输请求/响应数据。

（2）当继电保护动作后通过 GOOSE 协议发出跳闸信号，这个信号将传遍整个以太网，局域网中全部设备都将接收这个信号，只有预先订阅此信号的设备（如智能终端）才会做出响应。发布/订阅模型是利用网络发送数据的一种模型，特别适用于多数据源向多接收者发送流量大、实时性要求高的数据。IEC 61850 规定，SV 报文和 GOOSE 报文这两类重要的实时报文均采用发布/订阅模型进行通信。

### 3.3.1 虚端子

在 SCL 文件中，IED 的发布信号在<DataSet>中定义，IED 的订阅信号在<Inputs>中定义。在<DataSet>中每个<FCDA>可以看作一个输出虚端子，<Inputs>中每个<ExtRef>可以看作一个输入虚端子，@iedName、@ldInst、@lnClass、@lnInst、@doName、@daName 可以索引至外部 IED 的某个输出虚端子。<ExtRef>就是将输入虚端子与输出虚端子绑定的“虚端子连线”。

这种配置订阅信号的方式如同连接继电器开出节点与开入节点，因此虚端子的概念沿袭了这种关系。值得一提的是，虚端子与实端子还有一些细微的差别，如每个输入虚端子仅能对应唯一的输出虚端子，这是由发布/订阅模式所限定的，而一个开出虚端子则允许同时被对应多个开入虚端子订阅。

组态配置中，虚端子连接是最重要的一个配置项，它关系到 IED 之间的业务逻辑正确性和完整性，也是指导二次系统调试与运维的重要依据。IED 根据订阅信号，在 SCD 文件中索引到输出信号的通信参数、数据集定义等信息，用于多播地址过滤和信号引用。

某站线路保护 PL5042（500kV）的输入虚端子在 XMLSpy 软件和南瑞 SCL Configurator 软件中的解析如图 3－41 和图 3－42 所示。

LN0

| | |
|---|---|
| lnClass | LLN0 |
| lnType | PL5042A_NRR_LLN0_90X |
| inst | |
| DataSet | name=dsGOOSE0 desc=GOOSE出口数据集0 |
| DOI | (16) |
| Inputs | ExtRef (8) |

| | iedName | ldInst | prefix | lnClass | lnInst | doName | daName | intAddr |
|---|---|---|---|---|---|---|---|---|
| 1 | IB5043A | RPIT | Q0A | XCBR | 1 | Pos | stVal | PI1/GOINGGIO1.DPCSO1.stVal |
| 2 | IB5043A | RPIT | Q0B | XCBR | 1 | Pos | stVal | PI1/GOINGGIO1.DPCSO2.stVal |
| 3 | IB5043A | RPIT | Q0C | XCBR | 1 | Pos | stVal | PI1/GOINGGIO1.DPCSO3.stVal |
| 4 | IB5042A | RPIT | Q0A | XCBR | 1 | Pos | stVal | PI1/GOINGGIO1.DPCSO4.stVal |
| 5 | IB5042A | RPIT | Q0B | XCBR | 1 | Pos | stVal | PI1/GOINGGIO1.DPCSO5.stVal |
| 6 | IB5042A | RPIT | Q0C | XCBR | 1 | Pos | stVal | PI1/GOINGGIO1.DPCSO6.stVal |
| 7 | PB5043A | PIGO | Cor | PTRC | 3 | Tr | general | PI1/GOINGGIO2.SPCSO1.stVal |
| 8 | PB5042A | PIGO | Cor | PTRC | 4 | Tr | general | PI1/GOINGGIO2.SPCSO2.stVal |

图 3－41 某站线路保护 PL5042（500kV）的输入虚端子在 XMLSpy 软件中的解析

| | External IED | External Signal | External Description | Internal Address | Internal Description |
|---|---|---|---|---|---|
| 1 | IB5043A | RPIT/Q0AXCBR1.Pos.stVal | 5043开关第一套智能终端/A相断路器断路器A相位置 | PI1/GOINGGIO1.DPCSO1.stVal | 开关1断路器位置A相_GOOSE |
| 2 | IB5043A | RPIT/Q0BXCBR1.Pos.stVal | 5043开关第一套智能终端/B相断路器断路器B相位置 | PI1/GOINGGIO1.DPCSO2.stVal | 开关1断路器位置B相_GOOSE |
| 3 | IB5043A | RPIT/Q0CXCBR1.Pos.stVal | 5043开关第一套智能终端/C相断路器断路器C相位置 | PI1/GOINGGIO1.DPCSO3.stVal | 开关1断路器位置C相_GOOSE |
| 4 | IB5042A | RPIT/Q0AXCBR1.Pos.stVal | 5042开关第一套智能终端/A相断路器断路器A相位置 | PI1/GOINGGIO1.DPCSO4.stVal | 开关2断路器位置A相_GOOSE |
| 5 | IB5042A | RPIT/Q0BXCBR1.Pos.stVal | 5042开关第一套智能终端/B相断路器断路器B相位置 | PI1/GOINGGIO1.DPCSO5.stVal | 开关2断路器位置B相_GOOSE |
| 6 | IB5042A | RPIT/Q0CXCBR1.Pos.stVal | 5042开关第一套智能终端/C相断路器断路器C相位置 | PI1/GOINGGIO1.DPCSO6.stVal | 开关2断路器位置C相_GOOSE |
| 7 | PB5043A | PIGO/CorPTRC3.Tr.general | 5043开关第一套保护/失灵跳闸3 | PI1/GOINGGIO2.SPCSO1.stVal | 发远传命令1-1_GOOSE |
| 8 | PB5042A | PIGO/CorPTRC4.Tr.general | 5042开关第一套保护/失灵跳闸4 | PI1/GOINGGIO2.SPCSO2.stVal | 发远传命令1-2_GOOSE |

图 3－42 某站线路保护 PL5042（500kV）的输入虚端子在南瑞 SCL Configurator 软件中的解析

由图 3-41 和图 3-42 可以看出，该 IED 一共订阅了 8 个虚端子信号，分别来自中开关和边开关智能终端（用以获取开关三相位置信号）及中开关和边开关保护（用以获得开关失灵跳闸信号）。但这两款软件均存在虚端子解析不够直观、不容易分析的问题。

因此，对 SCL 文件的可视化被提高到一个新的高度。以凯默 SCL 文件解析工具软件为例，虚端子在凯默 SCL 文件工具软件中的解析如图 3-43 所示。

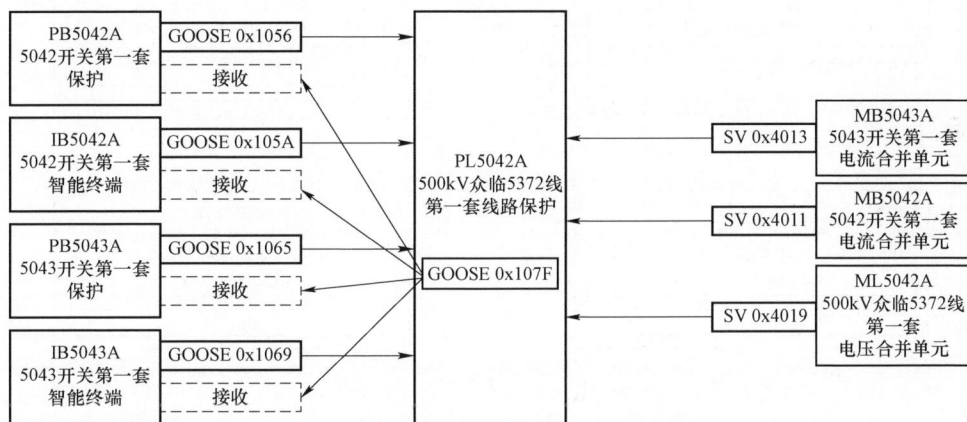

图 3-43 虚端子在凯默 SCL 文件工具软件中的解析

在该工具软件中，若单击虚端子连线，则能直观地看出两个 IED 之间的联系，如图 3-44 所示。

这种可视化显示虚端子的技术，不仅能直观地反映不同 IED 的连接关系，还将 GOOSE 控制块的 AppID 及通道信息清晰的标识出来，这将极大地提高智能变电站调试和运维的效率，是目前 SCL 文件组态配置工具发展的最新方向。

### 3.3.2 SCL 文件与 GOOSE 报文

GOOSE 是一种面向通用对象的变电站事件。其主要用于实现在多个具有保护功能的 IED 之间实现保护功能的闭锁和跳闸，具有高传输成功概率。

GOOSE 报文在配置文件里分别进行 GOOSE 发送配置与 GOOSE 接收配置。GOOSE 报文的传输机制如下：

```
┌─────────────────────────────┐         ┌─────────────────────────────┐
│         PB5042A             │         │         PL5042A             │
│    5042开关第一套保护        │         │  500kV众临5372线第一套线路保护  │
│  ┌───────────────────────┐  │         │  ┌───────────────────────┐  │
│  │    GOOSE: 0x1056      │  │         │  │      GOOSE接收         │  │
│  ├───────────────────────┤  │         │  ├───────────────────────┤  │
│  │ 9-失灵跳闸4           │──┼─────────┼─▶│ 1.8-发远传命令1-2_GOOSE │  │
│  └───────────────────────┘  │         │  └───────────────────────┘  │
└─────────────────────────────┘         └─────────────────────────────┘


┌─────────────────────────────┐         ┌─────────────────────────────┐
│         IB5042A             │         │         PL5042A             │
│   5042开关第一套智能终端      │         │  500kV众临5372线第一套线路保护  │
│  ┌───────────────────────┐  │         │  ┌───────────────────────┐  │
│  │    GOOSE: 0x105A      │  │         │  │      GOOSE接收         │  │
│  ├───────────────────────┤  │         │  ├───────────────────────────┤ │
│  │ 5-A相断路器断路器A相位置 │──┼────────┼─▶│ 1.4-开关2断路器位置A相_GOOSE │ │
│  ├───────────────────────┤  │         │  ├───────────────────────────┤ │
│  │ 7-B相断路器断路器B相位置 │──┼────────┼─▶│ 1.5-开关2断路器位置B相_GOOSE │ │
│  ├───────────────────────┤  │         │  ├───────────────────────────┤ │
│  │ 9-C相断路器断路器C相位置 │──┼────────┼─▶│ 1.6-开关2断路器位置C相_GOOSE │ │
│  └───────────────────────┘  │         │  └───────────────────────────┘ │
└─────────────────────────────┘         └─────────────────────────────┘


┌─────────────────────────────┐         ┌─────────────────────────────┐
│         PB5043A             │         │         PL5042A             │
│    5043开关第一套保护        │         │  500kV众临5372线第一套线路保护  │
│  ┌───────────────────────┐  │         │  ┌───────────────────────┐  │
│  │    GOOSE: 0x1065      │  │         │  │      GOOSE接收         │  │
│  ├───────────────────────┤  │         │  ├───────────────────────┤  │
│  │ 8-失灵跳闸3           │──┼─────────┼─▶│ 1.7-发远传命令1-1_GOOSE │  │
│  └───────────────────────┘  │         │  └───────────────────────┘  │
└─────────────────────────────┘         └─────────────────────────────┘


┌─────────────────────────────┐         ┌─────────────────────────────┐
│         IB5043A             │         │         PL5042A             │
│   5043开关第一套智能终端      │         │  500kV众临5372线第一套线路保护  │
│  ┌───────────────────────┐  │         │  ┌───────────────────────┐  │
│  │    GOOSE: 0x1069      │  │         │  │      GOOSE接收         │  │
│  ├───────────────────────┤  │         │  ├───────────────────────────┤ │
│  │ 5-A相断路器断路器A相位置 │──┼────────┼─▶│ 1.1-开关1断路器位置A相_GOOSE │ │
│  ├───────────────────────┤  │         │  ├───────────────────────────┤ │
│  │ 7-B相断路器断路器B相位置 │──┼────────┼─▶│ 1.2-开关1断路器位置B相_GOOSE │ │
│  ├───────────────────────┤  │         │  ├───────────────────────────┤ │
│  │ 9-C相断路器断路器C相位置 │──┼────────┼─▶│ 1.3-开关1断路器位置C相_GOOSE │ │
│  └───────────────────────┘  │         │  └───────────────────────────┘ │
└─────────────────────────────┘         └─────────────────────────────┘
```

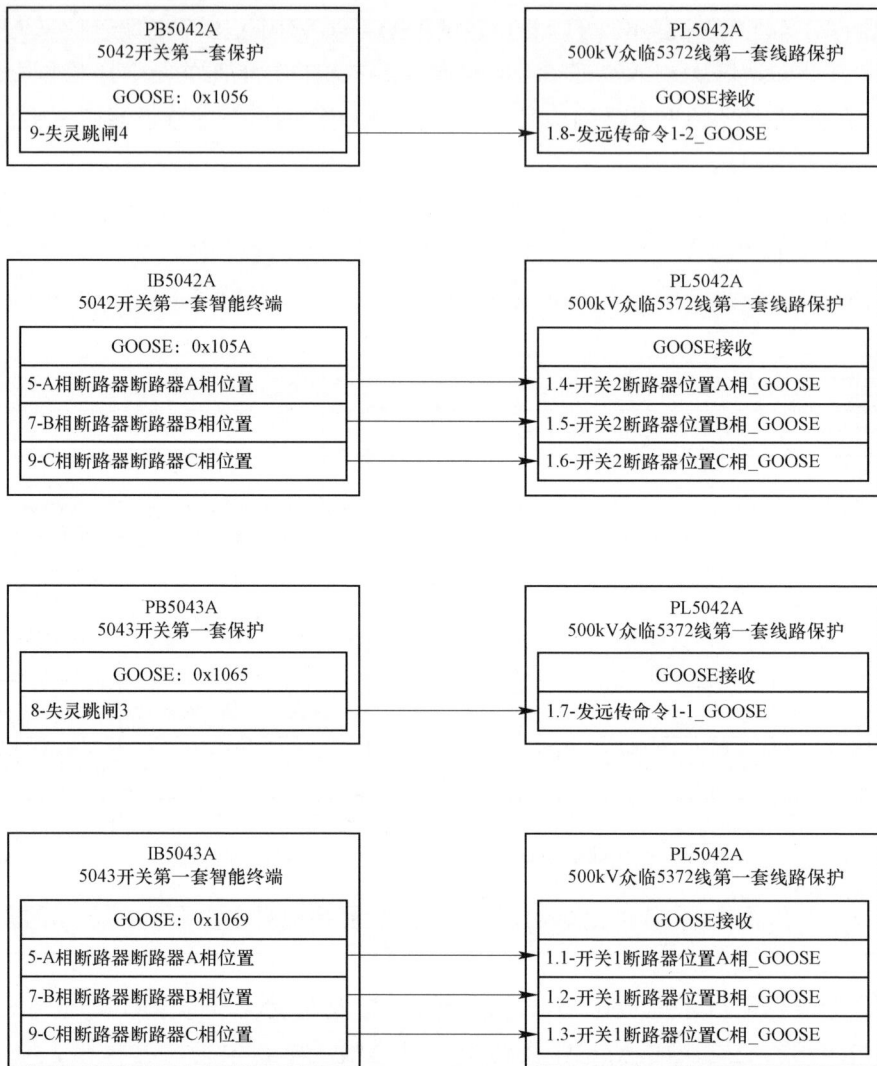

图 3-44　输入虚端子在凯默 SCL 文件工具软件中的解析

（1）GOOSE 报文发送时间间隔。GOOSE 报文的发送并不是按固定时间间隔进行的，在没有 GOOSE 变位事件发生时，GOOSE 报文的发送间隔相对比较长，按固定时间间隔进行（通常为 5s）；但是在发生事件时，数据发生了变化，发送时间间隔就会设置为最小，一般按 T1（2ms）、T1（2ms）、T2（4ms）、T3（8ms）的时间间隔发送。在此阶段，发送时间间隔会逐渐增大，直到事件状态稳定，GOOSE 报文的发送又变为固定时间间隔，如图 3-45 所示。

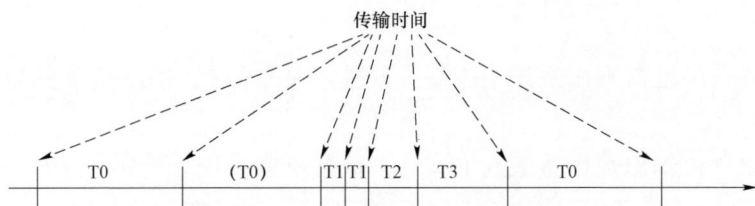

图 3 - 45　GOOSE 报文发送时间间隔

（2）报文接收方对通信中断的检测。对于一个重发的 GOOSE 报文，会在报文中附带一个 timeAllowedToLive 参数，即生存时间，该参数告知接收方等待下一个重发的 GOOSE 报文的最长时间，如果在该时间内，接收方没有收到重发的报文，就可以认为发生了通信中断。

（3）报文过滤机制。对于 GOOSE 报文的发送方，它可能会以组播的方式发送多个报文，每个报文都是与特定数据相关的，报文头中包含不同的目标地址；对于 GOOSE 报文的接收方，网络底层会收到网络上所有的 GOOSE 报文，其中包括接收方需要的信息和它不需要的信息，所以需要对报文进行过滤，为了减轻 CPU 的负担，这个过滤的任务一般由网络控制器来完成。

接收方采取订阅的形式来获取需要的 GOOSE 报文，接收方配置了一个 GOOSE 报文目标地址列表，并对网络控制器进行设置，网络控制器收到 GOOSE 报文后就将报文中的目标地址与目标地址列表中的地址进行对比，如果该目标地址包含在目标地址列表中，则认为该 GOOSE 报文是接收方订阅的，在 CPU 从网络控制器读取 GOOSE 报文时将报文传送给 CPU。之后接收方会进一步对 GOOSE 报文进行解析。

### 3.3.3　SCL 文件与 SV 报文

SV 报文传输数字化的采样值信息，其基于发布/订阅机制交换采样数据集中采样值的相关模型对象和服务，以及这些模型对象和服务到 ISO/IEC 8802 - 3 帧之间的映射。

SV 报文始终按照等时间间隔向外传送（通常为每周波 80 点，每秒 4000 帧数据报文），其传输中断检测及过滤机制与 GOOSE 报文相同。对于 SV 报文，基本要求如下：

（1）ICD 文件中应预先定义 SV 控制块，系统配置工具应确保 SVID、AppID 参数的唯一性。

（2）各装置应在 ICD 文件中预先定义采样值访问点 M1，并配置采样值发送数据集。

（3）通信地址参数由系统组态统一配置，装置根据 SCD 文件的通信配置具体实现 SV 功能。

（4）采样值输出数据集应为 FCDA，数据集成员统一为每个采样值配置 i 属性和 q 属性。

（5）合并单元装置应在 ICD 文件中预先配置满足工程需要的采样值数据集。

（6）合并单元装置若需要发送通道延时，宜配置在采样值数据集的第一个 FCD。若需要发送双 AD 的采样值，双 AD 宜配置相同的 TCTR（TA 相关逻辑节点）或 TVTR（TV 相关逻辑节点）实例，且在采样值数据集中双 AD 的 DO 宜按"AABBCC"顺序连续排放。

（7）SV 输入采用虚端子模型。SV 输入虚端子模型为包含"SVIN"关键字前缀的 GGIO 逻辑节点实例中定义一类数据对象：AnIn（整型输入），DO 的描述和 dU 可以明确该信号的含义和极性，作为 SV 连线的依据。装置 SV 输入进行分组时，可以采用不同 GGIO 实例号来区分。

（8）MU 输出数据极性应与互感器一次极性一致。间隔层装置如需要反极性输入采样值时，应建立负极性 SV 输入虚端子模型。

（9）给出 SV 报文参数在 SCL 文件中的定义映射表如表 3-1 所示。

表 3-1　　　　　　　SV 报文参数在 SCL 文件中的定义映射表

| SV 报文参数 | | SCL 文件元素与属性 | |
|---|---|---|---|
| 参数类 | 参数名 | SCL 元素 | 属性 |
| 通信参数 | Destination | <SMV>/<Address> | @MAC-Address |
| | VLAN ID | | @VLAN-ID |
| | Priority | | @VLAN-PRIORITY |
| | AppID | | @APPID |
| SV 参数 | Number of ASDUs | <SampledValueControl> | @nofASDU |
| | SV ID | | @smvID |
| | Config Revision | | @confRev |
| SV 数据 | Number Dataset Entries | <DataSet> | |
| | Type | <DA> | @bType |

## 3.3.4　SCL 文件与 MMS 报文

MMS 报文是 ISO/IEC 9506 标准所定义的一套用于工业控制系统的通信协

议。MMS 的目的是规范工业领域具有通信能力的智能传感器、IED、智能控制设备的通信行为，使出自不同制造商的设备之间具有互操作性（Interoperation），使系统集成变得简单、方便。MMS 规范分为 5 部分，即服务规范、通信协议、工业机器人通信规范、过程控制通信规范、数字控制通信规范。MMS 的特点是通过使用 MMS 使工业系统具有互操作性和独立性。

MMS 提供了通过网络进行对等（peer-to-peer）实时通信的一套服务集。MMS 作为通用通信协议可以用于多种通用工业控制设备，其可以支持多种通信方式，包括以太网、令牌总线、RS-232C、OSI、TCP/IP、MiniMAP 等，在智能变电站中，一般使用 TCP/IP 作为基础通信方式。

IED 站控层 MMS 的通信接口由 SCL 文件的<ReportControl>、<DataSet>描述。以 PL5042A 为例，它共有 3 个 LD、14 个数据集，包括保护事件（dsTripInfo）、告警信号（dsWarning）、保护定值（dsSetting）、保护压板（dsRelayEna）、遥测（dsRelayAin）、遥信（dsRelayDin）、故障信号（dsAlarm）等，如图 3-46 所示。

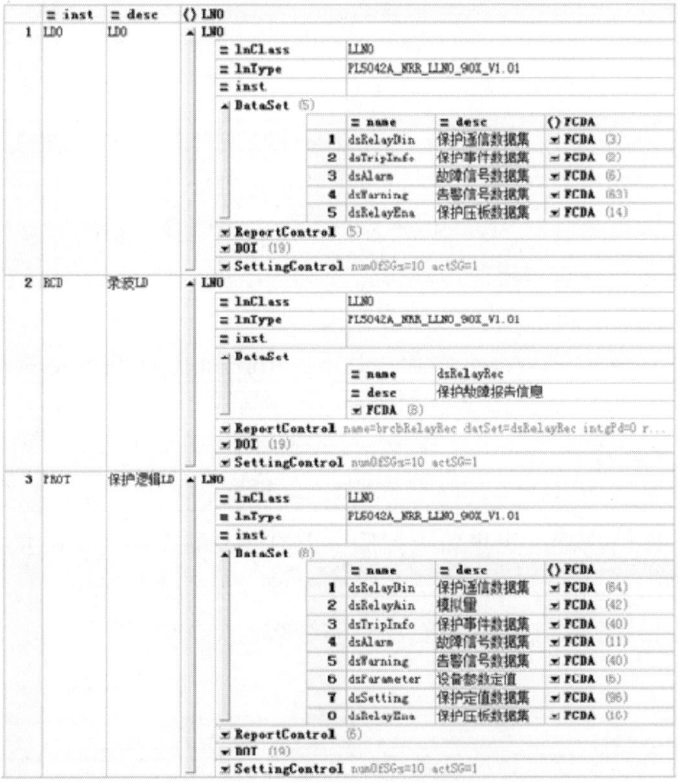

图 3-46　PL5042A 站控层数据集

以 dsAlarm 故障信号数据集为例，该数据集中包含了 11 个 Alm 故障信号量，装置在自动不断监视数据集中故障信号变位情况，如果发生变位或周期时刻到达，在故障报警使能前提下，将会自动上传报告至监控后台，如图 3-47 所示。

| | Name | | | Description | | |
|---|---|---|---|---|---|---|
| 1 | dsRelayDin | | | 保护遥信数据集 | | |
| 2 | dsRelayAin | | | 模拟量 | | |
| 3 | dsTripInfo | | | 保护事件数据集 | | |
| 4 | dsAlarm | | | 故障信号数据集 | | |
| 5 | dsWarning | | | 告警信号数据集 | | |
| 6 | dsParameter | | | 设备参数定值 | | |
| 7 | dsSetting | | | 保护定值数据集 | | |
| 8 | dsRelayEna | | | 保护压板数据集 | | |

| | Data Reference | DA Name | FC | Description | Unicode Description | Short Address |
|---|---|---|---|---|---|---|
| 1 | PROT/GGIO15.Alm2 | | ST | 跳合出口回路异常 | 跳合出口回路异常 | ZZZJ:B04.BinInput_F0.IOM_ChkErr |
| 2 | PROT/GGIO15.Alm3 | | ST | 保护DSP装置类型配置错 | 保护DSP装置类型配置错 | ZZZJ:B04.GetOrigSmpl_F0.Set_typeErr |
| 3 | PROT/GGIO15.Alm4 | | ST | 保护DSP定值出错 | 保护DSP定值出错 | ZZZJ:B04.RunOk_F0.SetErr_MDSP |
| 4 | PROT/GGIO15.Alm5 | | ST | 保护DSP内存出错 | 保护DSP内存出错 | ZZZJ:B04.RunOk_F0.MemErr_MDSP |
| 5 | PROT/GGIO15.Alm6 | | ST | 保护DSP采样出错 | 保护DSP采样出错 | ZZZJ:B04.RunOk_F0.AD_Abn_MDSP |
| 6 | PROT/GGIO15.Alm7 | | ST | 保护DSP校验出错 | 保护DSP校验出错 | ZZZJ:B04.DSPComuRx_F0.DSP_Rx_Err_Dly |
| 7 | PROT/GGIO15.Alm8 | | ST | 启动DSP装置类型配置错 | 启动DSP装置类型配置错 | ZZZJ:B04.DSPComuRx_F0.Set_typeErr |
| 8 | PROT/GGIO16.Alm1 | | ST | 启动DSP定值出错 | 启动DSP定值出错 | ZZZJ:B04.DSPComuRx_F0.SetErr_QDSP |
| 9 | PROT/GGIO16.Alm2 | | ST | 启动DSP内存出错 | 启动DSP内存出错 | ZZZJ:B04.DSPComuRx_F0.MemErr_QDSP |
| 10 | PROT/GGIO16.Alm3 | | ST | 启动DSP采样出错 | 启动DSP采样出错 | ZZZJ:B04.DSPComuRx_F0.AD_Abn_QDSP |
| 11 | PROT/GGIO16.Alm4 | | ST | 启动DSP校验出错 | 启动DSP校验出错 | ZZZJ:B36.DSPComuRx_F0.DSP_Rx_Err_Dly |

图 3-47    dsAlarm 故障信号数据集内容示例

PL5042A 的报告控制块可分为非缓存控制块和缓存控制块两类。PL5042A 名为 PROT 的逻辑设备有 urcbRelayAin01~urcbRelayAin16 共 16 个报告控制块，即允许最大与客户端建立 16 个报告连接，发送测量量。在配置文件的时候，应充分考虑现场实际需求，避免出现报告控制块不足影响系统功能的情况。

图 3-48 所示是 PL5042A 的非缓存报告控制块示例，从中可以看出有 RptID、RptEna、DatSet、GI 等一系列参数，其中，RptEna 表示报告使能，当将客户端中的 False 置成 Ture 后，服务器即可向该客户端发送报告；GI 表示总召，当将客户端中的 False 置成 Ture 后，服务器端将允许该数据集响应总召上传。

缓存报告控制块与非缓存报告控制块类似，但缓存报告具有断开连接后将报告保存在缓存区的功能，当重新连接服务器时能及时将未发出的报告继续上传，而非缓存报告断开后无法对信息进行预存保留。通过缓存报告控制块，可以实现遥信的变化上传、周期上传、总召和时间缓存。

## 3.3.5　软压板

智能变电站软压板是控制软件系统某个功能投退的元件，如投入和退出某个保护和控制功能，通常通过修改保护或测控装置的软件控制字来实现。

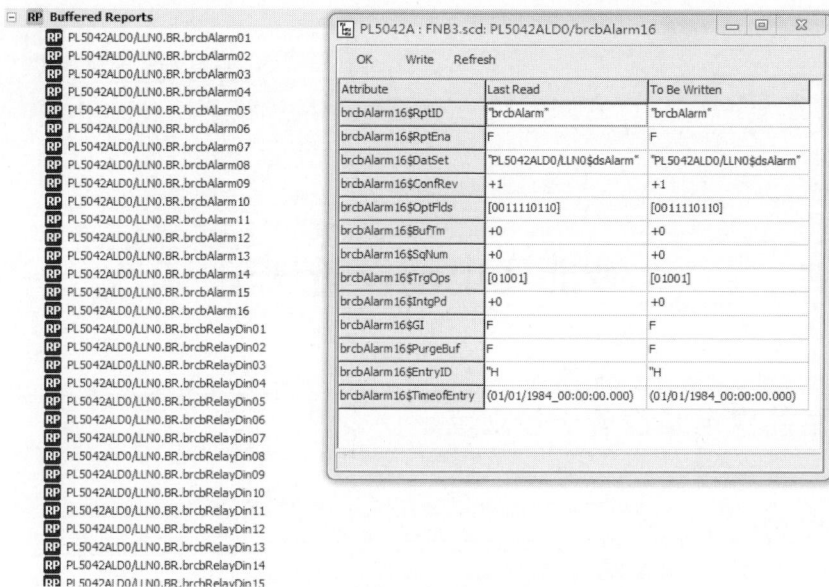

图 3-48　PL5042A 的非缓存报告控制块示例

按照 Q/GDW 441—2010《智能变电站继电保护技术规范》、GB/T 32890—2016《继电保护 IEC 61850 工程应用模型》规定，除检修压板可采用硬压板外，保护装置应采用软压板，满足远方操作的要求。继电保护设备应支持远方投退压板、修改定值、切换定值区、设备复归功能。软压板的设置应满足保护功能之间交换信号隔离的需要，GOOSE 出口软压板与传统出口硬压板设置点应一致，按跳闸、合闸、启动重合、闭锁重合、沟通三跳、启动失灵、远跳等重要信号在 PTRC 和 RREC 中统一加 Strp 扩展名扩充出口软压板，从逻辑上隔离信号输出。

保护软压板的设置应满足运行值班人员常规操作的需要，同时尽可能延续原有标准化典型设计的规范要求。软压板具体分类可见 2.8.2 节。

# 第4章

# 智能变电站设备规范

## 4.1 智能变电站设备一般规定

### 4.1.1 装置的通用规范

装置的通用规范如下：

（1）装置开关量输入定义采用正逻辑，即触点闭合为"1"，触点断开为"0"。开关量输入"1"和"0"的定义应统一规定："1"肯定所表述的功能，"0"否定所表述的功能。

（2）智能化和多合一装置双点开关量输入定义："01"为分位，"10"为合位，"00"和"11"无效。

（3）装置功能控制字"1"和"0"的统一规定："1"肯定所表述的功能，"0"否定所表述的功能或根据需要另行定义。

（4）常规和多合一装置的保护功能投退的软、硬压板应一一对应，采用"与"逻辑，以下压板除外：

1）变压器保护的各侧"电压压板"只设硬压板。

2）母线保护的"母线互联"软、硬压板采用"或"逻辑，"母联（分段）分列"只设软压板。

3）"保护远方操作"只设硬压板。"远方投退压板"、"远方切换定值区"和"远方修改定值"只设软压板，只能在装置本地操作，三者功能相互独立，分别与"保护远方操作"硬压板采用"与门"逻辑。当"保护远方操作"硬压板投入后，上述3个软压板远方功能才有效。

4）保护测控集成装置的"测控远方操作"只设置硬开入，在操作的屏（柜）上设置转换开关，用于远方操作断路器、隔离开关等。

5）"检修状态"只设硬压板，当采用 DL/T 860 标准，"检修状态"硬压板投入时，保护装置报文上传带品质位信息，且"检修状态"硬压板遥信应不置检修标志。

（5）智能化装置压板设置如下：

1）智能化装置设"保护远方操作"、"测控远方操作"和"检修状态"硬压板，保护功能投退不设硬压板。

2）"保护远方操作"只设硬压板。"远方投退压板"、"远方切换定值区"和"远方修改定值"只设软压板，只能在装置本地操作，三者功能相互独立，分别与"保护远方操作"硬压板采用"与"逻辑。当"保护远方操作"硬压板投入后，上述 3 个软压板远方功能才有效。

3）保护测控集成装置的"测控远方操作"设置硬开入（或面板按钮），在操作的屏（柜）上设置转换开关，用于远方操作断路器、隔离开关等。智能控制柜上设置"测控远方操作"转换开关。

4）"检修状态"只设硬压板，当采用 DL/T 860 标准，"检修状态"硬压板投入时，保护装置报文上传带品质位信息，且"检修状态"硬压板遥信不置检修标志。

5）合并单元、智能终端的"检修状态"硬压板遥信接入测控装置的 GOOSE 开入，测控将该遥信品质的检修位清除后上传至站控层。

6）其他压板如下：① 变压器保护的各侧"电压压板"设软压板；② "母线互联""母联（分段）分列"设软压板。

（6）退保护 SV 接收压板或间隔接收软压板时，装置将给出明确的提示确认信息，经确认后可退出压板；保护 SV 接收压板退出后，电流/电压显示为 0，不参与逻辑运算。

（7）110（66）kV 保护装置、合并单元的保护采样回路应使用 A/D 冗余结构（共用一个电压或电流源），保护装置采样频率不低于 1000Hz，合并单元采样频率为 4000Hz。

（8）装置的定值设置如下：

1）装置定值采用二次值、变压器额定电流（$I_e$）倍数，并输入变压器额定容量、电流互感器（TA）和电压互感器（TV）的变比等必要的参数。

2）装置总体功能投/退，可由运行人员就地投/退硬压板或远方操作投/退软压板实现，如变压器保护的"高压侧后备保护"。

3）运行中基本不变的保护分项功能，如变压器保护的"复压过流 I 段"，采用"控制字"投/退。

（9）装置具备以下接口：

1）过程层接口：具备 MMS 接口、GOOSE 接口和 SV 接口，110（66）kV

及以下电压等级的智能化装置、多合一装置宜采用 SV 和 GOOSE 合一的网口。

2）对时接口：支持接收对时系统发出的 IRIG - B 对时码，或采用 GB/T 25931 进行网络对时。

3）间隔层通信接口：110（66）kV 电压等级保护装置具备 3 组通信接口（包括以太网或 RS-485 通信接口），35kV 及以下电压等级保护装置具备 2 组通信接口（包括以太网或 RS-485 通信接口）。

4）其他接口：调试接口、打印机接口。

（10）保护装置可以记录相关保护动作信息，保留 8 次以上最新动作报告。每个动作报告应至少包含故障前 2 个周波、故障后 6 个周波的数据。

（11）装置软件版本构成方案如下应满足以下要求：

1）基础软件由"基础型号功能"和"选配功能"组成。

2）基础软件版本含有所有选配功能，不随"选配功能"不同而改变。

3）基础软件版本描述由基础软件版本号、基础软件生成日期、程序校验码（位数由厂家自定义）组成。

4）同一软件版本及校验码适用于前接线和后接线装置。

5）装置软件版本描述方法如图 4-1 所示。装置面板（非液晶）能显示图 4-1 ①、②、③、④、⑤部分的信息。

（12）装置对闰秒的处理原则：出现闰秒的情况下，保护功能及上传信息应不受影响，且在闰秒前后能正确显示时标和时序。

## 4.1.2　智能化前接线装置功能配置

**1.** 110（66）kV 保护测控集成的智能化装置功能简介

测控功能配置如下：

（1）量测量采集如下：

1）具有接收 DL/T 860.92 采样值报文功能，计算生成电压有效值、电流有效值、有功功率、无功功率、频率等数据。

2）能接收通过 GOOSE 报文上传的温度等模拟量。

（2）状态量采集如下：

1）采用硬触点遥信功能时，输入回路采用光电隔离，具备软硬件防抖功能，开关量输入的防抖时间能整定。

2）能接收 GOOSE 报文传输的状态量信息。

（3）控制功能如下：

1）能发送 GOOSE 报文传输的控制命令信息。

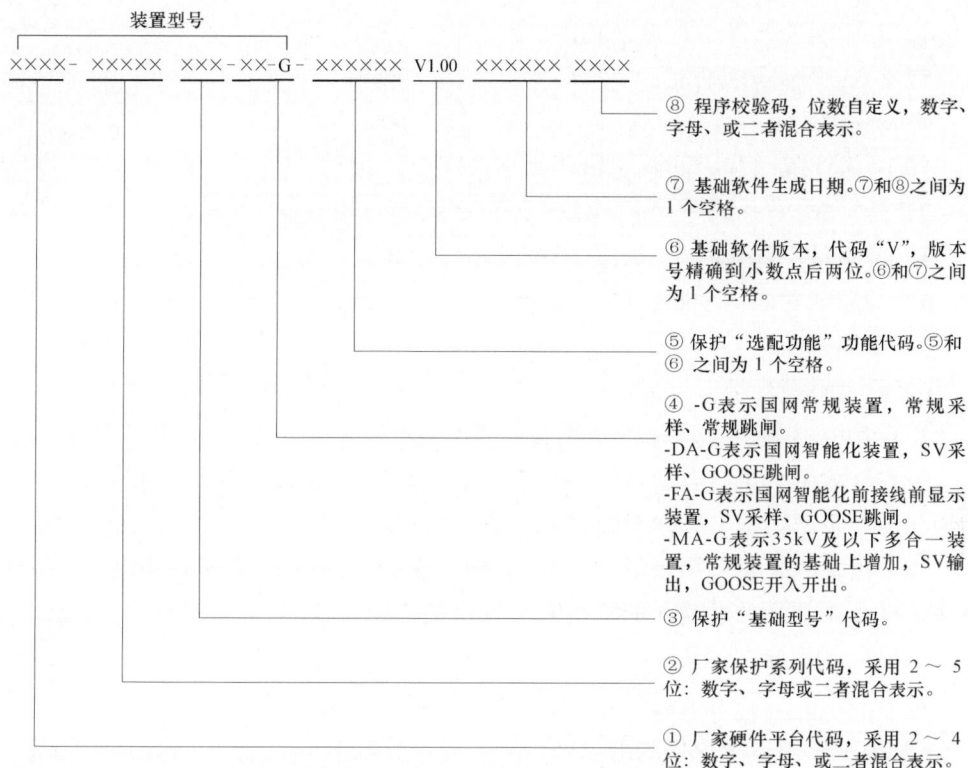

图 4-1　装置软件版本描述方法

注　1."基础型号"代码不组合，代码详见各保护功能配置表。

　　2."选配功能"代码可无，也可多个代码组合，功能代码详见各保护功能配置表，组合时按从上到下顺序依次排列。

　　3. 装置面板（非液晶）应能显示①、②、③、④、⑤部分的信息。

　　4. 66kV 及以上保护测控集成装置，装置版本由保护版本和测控版本组成。

2）具备控制命令校核、逻辑闭锁及强制解锁功能。

3）能设置远方、就地控制方式。

4）能返回控制信息（操作记录或失败原因）。

（4）同期功能如下：

1）具备强合、检无压合闸、检同期合闸 3 种合闸方式，具备合闸方式选择功能。

2）基于 DL/T 860 的同期模型，按照强合、检无压合闸、检同期合闸分别建立不同实例的 CSWI（开关控制），不采用 CSWI 中 Check（检测参数）的 sync（同期标志）位区分同期合与强合。

3）具备 TV 断线检测、告警、闭锁检同期和检无压合闸功能。

4）支持同期条件信息返回功能。

5）具备手合同期功能。

（5）逻辑闭锁功能如下：

1）具备间隔内和跨间隔逻辑闭锁功能。

2）具备 MMS 网络传输 GOOSE 逻辑闭锁信息功能。

3）闭锁条件包含状态量、量测量及品质信息。

4）考虑装置通信中断、检修及停运时逻辑闭锁方式。

5）间隔闭锁状态信息上传。

6）具有解锁功能。

**2.** 66kV 及以下电压等级保护测控集成的常规装置和多合一装置测控功能简介

（1）量测量采集具有交流采样功能，能计算生成电压有效值、电流有效值、有功功率、无功功率、频率等数据。

（2）状态量采集采用硬触点遥信功能时，输入回路应采用光电隔离，具备软硬件防抖功能，开关量输入的防抖时间宜可整定。

（3）控制功能：

1）具备继电器触点输出控制的功能，控制脉冲宽度可调。

2）具备控制命令校核功能。

3）能设置远方、就地控制方式。

4）能返回控制信息（操作记录或失败原因）。

（4）同期功能［仅适用于母联（分段）保护］要求如下：

1）具备强合、检无压合闸、检同期合闸 3 种合闸方式，具备合闸方式选择功能。

2）具备 TV 断线检测、告警、闭锁检同期和检无压合闸功能。

3）支持同期条件信息返回功能。

4）具备手合同期功能。

**3.** 66kV 及以下电压等级保护［不含 66kV 母联（分段）保护］测控集成的智能化装置测控功能简介

（1）状态量采集采用硬触点遥信功能时，输入回路应采用光电隔离，具备软硬件防抖功能，开关量输入的防抖时间可整定。

（2）量测量采集功能：

1）能接收 DL/T 860.92 采样值报文，计算生成电压有效值、电流有效值、有功功率、无功功率、频率等数据。

2）能接收通过 GOOSE 报文上传的温度、压力、流量等模拟量。

（3）控制功能：

1）能发送 GOOSE 报文传输的控制命令信息。

2）具备控制命令校核、逻辑闭锁及强制解锁功能。

3）能设置远方、就地控制方式。

4）能返回控制信息（操作记录或失败原因）。

（4）同期功能［仅适用于母联（分段）保护］：

1）具备强合、检无压合闸、检同期合闸 3 种合闸方式，具备合闸方式选择功能。

2）基于 DL/T 860 的同期模型，按照强合、检无压合闸、检同期合闸分别建立不同实例的 CSWI，不采用 CSWI 中 Check（检测参数）的 sync（同期标志）位区分同期合与强制合。

3）具备 TV 断线检测、告警、闭锁检同期和检无压合闸功能。

4）支持同期条件信息返回功能。

5）具备手合同期功能。

（5）逻辑闭锁功能：

1）具备间隔内和跨间隔逻辑闭锁功能。

2）具备 MMS 网络传输 GOOSE 逻辑闭锁信息功能。

3）闭锁条件包含状态量、量测量及品质信息。

4）考虑装置通信中断、检修及停运时逻辑闭锁方式。

5）能上传间隔闭锁状态信息。

6）具有解锁功能。

## 4.2　合并单元设备配置规范

### 4.2.1　配置要求

配置要求如下：

（1）双套配置的保护对应合并单元应双套配置，110（66）kV 变压器各侧及中性点均应配置双套合并单元，采用合并单元、智能终端一体化装置。

（2）母线电压合并单元可接收 3 组电压互感器数据，并支持向其他合并单元提供母线电压数据，根据需要提供电压并列功能。各间隔合并单元所需母线电压量通过母线电压合并单元转发。具体配置应满足以下要求：

1）双母线接线，保护双套配置时，两段母线按双重化配置 2 台母线电压合并单元。每台合并单元具备 GOOSE 接口，接收智能终端传递的母线电压互感器隔离开关位置、母联隔离开关位置和断路器位置，用于电压并列。

2）双母单分段接线，保护双套配置时，按双重化配置 2 台母线电压合并单元，含电压并列功能（不考虑横向并列）。

3）双母双分段接线，保护双套配置时，按双重化配置 4 台母线电压合并单元，含电压并列功能（不考虑横向并列）。

4）母线电压由母线合并单元点对点通过间隔合并单元转接给各间隔保护装置。

## 4.2.2  技术原则

合并单元应满足以下技术原则：

（1）合并单元支持 DL/T 860.92 或通道可配置的扩展 GB/T 20840.8 等规约，通过 FT3 或 DL/T 860.92 接口实现合并单元之间的级联功能。

（2）合并单元能接收外部公共时钟的同步信号，与 ECT、EVT 的同步可采用同步采样脉冲。

（3）按间隔配置的合并单元接收来自本间隔电流互感器的电流信号，若本间隔有电压互感器，则还需接入本间隔电压信号。若本间隔二次设备需接入母线电压，则还需级联接入来自母线电压合并单元的母线电压信号。

（4）当母线合并单元检修时，间隔合并单元级联母线合并单元后发送的数据也需置检修状态，其余数据不置检修状态。

（5）合并单元"检修状态"硬压板投入时，"检修状态"遥信置检修状态。

## 4.3  智能终端设备配置规范

### 4.3.1  配置要求

智能终端设备的配置要求如下：

（1）双套配置的保护对应智能终端应双套配置，宜采用合并单元、智能终端一体化装置。

（2）本体智能终端集成非电量保护功能，单套配置。

### 4.3.2  技术原则

技术原则如下：

（1）接收保护跳合闸 GOOSE 命令，测控的遥合/遥分断路器、隔离开关等

GOOSE 命令。

（2）发出收到跳合闸命令的反馈报文。

（3）GOOSE 直传双点位置：断路器三相位置（三相断路器）、隔离开关位置。

（4）GOOSE 直传单点位置：遥合（手合）、低气压闭锁重合、控制回路断线、跳闸位置（TWJ）、合闸位置（HWJ）、合后位置等其他遥信信息。

（5）断路器智能终端 GOOSE 发出组合逻辑。

（6）闭锁本套重合闸，逻辑为遥合（手合）、遥跳（手跳）、启动失灵（TJR）、三跳不启动重合闸（TJF）、闭重开入、本智能终端上电的"或"逻辑。

（7）双重化配置智能终端时，应具有输出至另一套智能终端的闭重触点，逻辑为遥合（手合）、遥跳（手跳）、保护闭锁重合闸、启动失灵（TJR）、三跳不启动重合闸（TJF）的"或"逻辑。

（8）断路器智能终端应具备三跳硬触点输入接口。

（9）断路器智能终端至少提供一组分相跳闸触点和一组合闸触点。

（10）断路器智能终端具有跳合闸自保持功能。

（11）断路器智能终端不宜设置防跳功能，防跳功能由断路器本体实现。

（12）除装置失电告警外，智能终端的其他告警信息通过 GOOSE 上传。

（13）智能终端配置单工作电源。

（14）智能终端应直传原始采集信息和本规范规定的组合逻辑信息，其他逻辑组合由应用设备进行处理。

（15）智能终端发布的保护信息应在一个数据集中。

（16）智能终端"检修状态"硬压板投入时，"检修状态"遥信应置检修状态。

（17）本体智能终端宜集成非电量保护功能。

## 4.4　继电保护信息规范

### 4.4.1　总体要求

**1.** 继电保护信息输出基本原则

（1）本规范明确继电保护信息（以下简称保护信息）输出内容，统一信息描述，实现各类保护信息输出标准化，在满足继电保护在线监测、信息可视化和智能诊断的基础上，对保护输出的信息进行优化。

（2）为规范信息描述，智能变电站数字化接口与采样值相关的描述统称为SV、与开关量相关的描述统称为 GOOSE。

（3）装置打印信息、装置显示信息描述应保持一致，与后台、远动信息的应用语义应保持一致性。

（4）本规范适用于 DL/T 860 协议传输的信息，其他协议参照执行。

**2. 继电保护输出信息要求**

（1）**继电保护应输出的信息**包括信号触点、报文、人机界面、日志记录，应满足以下要求：

1）信号触点是指"装置故障""运行异常"的触点。

2）报文是指保护动作信息、告警信息、在线监测信息、状态变位信息、中间节点信息等。

3）人机界面是指保护装置的菜单和面板显示灯。

4）日志记录是指日志数据集中的信息，包含保护动作信息、告警信息、状态变位信息等。

（2）继电保护装置输出的报文分 5 大类（保护动作信息、告警信息、在线监测信息、状态变位信息和中间节点信息），与 Q/GDW 1396 规定的保护装置 ICD 文件数据集对应关系如下：

1）保护动作信息含保护事件（dsTripInfo）、保护录波（dsRelayRec）。

2）告警信息含故障信号（dsAlarm）、告警信号（dsWarning）、通信工况（dsCommState）、保护功能闭锁（dsRelayBlk）。

3）在线监测信息含交流采样（dsRelayAin）、定值区号（dsSetGrpNum）、装置参数（dsParameter）、保护定值（dsSetting）、内部状态监视（dsAin）。

4）状态变位信息含保护遥信（dsRelayDin）、保护压板（dsRelayEna）、保护功能状态（dsRelayState）、装置运行状态（dsDeviceState）、远方操作保护功能投退（dsRelayFunEn）。

5）中间节点信息：通过中间文件上传，不设置数据集。

6）继电保护装置的日志记录应符合 Q/GDW 1396 的相关要求。

（3）继电保护装置录波文件应符合 GB/T 14598.24 的相关要求。

（4）数据集中分相动作、跳闸信息，建模到一个数据对象（DO）。

（5）继电保护动作应生成 5 个不同类型的文件，分别为.hdr（头文件）、.dat（数据文件）、.cfg（配置文件）、.mid（中间文件）和.des（自描述文件）。

（6）继电保护装置应输出装置识别代码、保护装置软件版本、IED 过程层虚端子配置 CRC 码。

（7）继电保护装置信息性能指标：装置生成状态信息送出时间延时不大于 1s。

（8）本规范只列出了继电保护装置必要的输出信息，不同继电保护装置还可输出其他信息。

## 4.4.2　继电保护动作信息

**1. 保护动作报告**

（1）继电保护装置的保护动作报告包含保护启动及动作过程中各相关元件动作行为、动作时序、故障相电压和电流幅值、功能压板投退状态、开关量变位状态、保护全部定值等信息。

（2）变压器保护的动作报告包含差动保护动作时的差动电流、制动电流（可选），复压过电流保护动作电流，间隙过电流保护动作电流，零序过电压保护动作电压等信息。

（3）母线保护的动作报告包含差动保护应输出故障相别、跳闸支路（可选）、差动电流、制动电流（可选），母联失灵保护应输出母联电流、跳闸支路（可选），失灵保护应输出失灵启动支路（可选）、跳闸支路（可选）、失灵联跳等信息。

（4）母联（分段）保护的动作报告包含充电过电流保护动作电流及相别、充电零序过电流保护动作电流等信息。

（5）所用变压器（接地变压器）保护的动作报告包含过电流保护动作电流及相别、零序过电流保护动作电流、低压侧零序过电流保护动作电流等信息。

（6）电容器保护的动作报告包含：过电流保护动作电流及相别，零序过电流保护动作电流，过电压保护、低电压保护动作电压，不平衡电压保护动作电压，不平衡电流保护动作电流等信息。

（7）接电抗器保护的动作报告包含过电流保护动作电流及相别、零序过电流保护动作电流等信息。

**2. 保护录波文件**

电网故障时保护装置应形成录波文件，保护录波文件满足以下要求：

（1）包括启动时间、动作信息、故障前后的模拟量信息（含接入的电压、电流量）、开关量信息等。

（2）录波文件按保护动作时间先后顺序排列。

（3）录波文件名称："IED 名_逻辑设备名_故障序号_故障时间_s（表示启动）/_f（表示故障）"。

（4）保护事件、动作时序、故障相电压和电流幅值、功能压板投退状态、开关量变位状态、保护全部定值等信息均包含在 ".hdr" 文件中。

### 4.4.3 继电保护告警信息

**1.** 继电保护告警信息

（1）继电保护装置提供反映健康状况的告警信息。

（2）继电保护装置告警信息应提供告警时间，如××××年××月××日××时:××分:××秒.×××毫秒。

**2.** 保护硬件告警信息

继电保护装置提供的硬件告警信息应反映装置的硬件健康状况，且反映具体的告警硬件信息（如插件号、插件类型、插件名称等），包含以下内容：

（1）继电保护装置对装置模拟量输入采集回路进行自检的告警信息，如模拟量采集错等。

（2）继电保护装置对开关量输入回路进行自检的告警信息，如开入异常等。

（3）继电保护装置对开关量输出回路进行自检的告警信息。

（4）继电保护装置对存储器状况进行自检的告警信息，如 RAM 异常、Flash 异常等。

**3.** 保护软件告警信息

继电保护装置提供装置软件运行状况的自检告警信息，如定值出错、各类软件自检错误信号。

**4.** 装置内部自检信息

（1）继电保护装置提供装置内部配置的自检告警信息。

（2）继电保护装置提供内部通信状况的自检告警，如各插件之间的通信异常状况。

**5.** 装置外部自检信息

装置外部自检信息应满足以下要求：

（1）继电保护装置应提供装置间通信状况的自检告警信息，如载波通道异常、光纤通道异常、SV 通信异常状况、GOOSE 通信异常状况等。

（2）保护装置应提供外部回路的自检告警信息，如模拟量的异常信息（TA 断线、TV 断线等）、接入外部开关量的异常信息（跳闸位置异常、跳闸信号长期开入等）。

**6.** 保护功能闭锁信息

保护功能闭锁信息如下：

（1）保护功能闭锁数据集信号状态采用正逻辑，即"1"肯定所表述的功能，"0"否定所表述的功能。

（2）保护功能闭锁数据集信号由保护功能状态数据集信号经保护装置功能压板和功能控制字组合形成。任一保护功能失效，且功能压板和功能控制字投入，则对应的保护功能闭锁数据集信号状态置"1"，否则置"0"。

（3）保护功能闭锁数据集信号与保护功能状态数据集信号应包括保护动作信息、保护告警信息、保护功能状态信息和保护功能闭锁信息对应关系、保护状态变位信息、保护中间节点信息等。

## 4.4.4　继电保护在线监测信息

**1.** 保护在线监测信息要求

（1）继电保护装置应提供当前运行状况监测信息，主要包括交流采样、装置参数、保护定值、装置信息、开入及压板信息、内部状态监视等，如表 4－1 所示。

表 4－1　　　　　　　　　　　保护装置在线监测信息

| 序号 | 监测类别 | 监测内容 | 数据集 | 备注 |
|---|---|---|---|---|
| 1 | 交流采样 | 采样电流、电压幅值及差流值 | dsRelayAin | 二次值 |
| 2 | 定值区号 | 保护当前运行定值区号 | dsSetGrpNum | — |
| 3 | 装置参数 | 按照各保护装置定值清单中所规定的设备参数定值的名称和顺序 | dsParameter | — |
| 4 | 保护定值 | 按照各保护装置定值清单中所规定的保护定值和控制字的名称和顺序 | dsSetting | — |
| 5 | 装置信息 | 保护版本、对时方式、装置识别代码 | — | — |
| 6 | 装置运行时钟 | ××××年××月××日××时:××分:××秒 | — | — |
| 7 | 开入及压板信息 | 功能压板、开关量输入、检修压板等 | dsRelayDin、dsRelayEna | — |
| 8 | 内部状态监视 | 工作电压、装置温度、光强等 | dsAin | 发送上下限接收可只含下限 |

（2）保护装置能提供其通过模拟量输入回路或 SV 获取的系统电压和电流数据。交流采样应包含以下内容：采样电流、电压幅值及差流值等。

（3）装置参数数据集应包含要求用户整定的设备参数定值。

（4）按照 Q/GDW 1396 规定的各定值区的保护定值和控制字应能正确上传。

**2.** 装置监视的其他状态信息

（1）保护装置可监视过程层网口光强、智能终端及合并单元数据异常（丢帧、失步、无效）。

（2）合并单元可监视 DC/DC 工作电压、内部工作温度、过程层网口及对时网口光强、对时信号异常情况。

（3）智能终端可监视 DC/DC 工作电压、开关量输入电压、出口继电器工作电压、内部工作温度、过程层网口光强。

**3.** 保护二次回路监测信息

（1）监测保护装置以下当前状态：保护功能压板状态、GOOSE 软压板状态、SV 接收软压板状态、远方操作压板状态、开关量输入状态、保护装置检修压板状态、重合闸充电状态、装置自检状态、装置告警及闭锁触点状态。

（2）监测合并单元的以下当前状态：GOOSE 开关量输入状态、SV 输出状态、检修压板状态、装置自检状态、告警及闭锁触点状态。

（3）监测智能终端的以下当前状态：GOOSE 开关量输入输出状态、硬触点开关量输入输出状态、检修压板状态、装置自检状态、告警及闭锁触点状态。

## 4.4.5 继电保护状态变位信息

**1.** 继电保护信息监测要求

（1）继电保护状态变位信息包括保护遥信（dsRelayDin）、保护压板（dsRelayEna）、保护功能状态（dsRelayState）、装置运行状态（dsDeviceState）、远方操作保护功能投退（dsRelayFunEn）。

（2）继电保护装置对全过程的状态变位进行监视，输出变位信息。

（3）继电保护装置的状态变位信息包括压板投退状态、开关量输入状态、保护功能状态、装置运行状态、远方操作保护功能投退状态。

**2.** 保护功能状态

（1）保护功能状态数据集信号状态"1"和"0"的定义统一规定为"1"表示所表述的保护功能存在，"0"表示所表述的保护功能失去。

（2）保护装置输出的保护功能状态与保护功能实际状态一致。

1）装置故障或外回路异常导致保护功能退出时，对应保护功能状态为"0"。

2）保护功能相关的功能压板和功能控制字投退导致保护功能退出时，对应保护功能状态为"0"。

3）功能相关的全部 SV、GOOSE 接收压板退出时，对应保护功能状态为"0"。

4）检修不一致导致保护功能退出时，对应保护功能状态为"0"。

5）导致保护功能退出时，对应保护功能状态为"0"。

（3）运行状态中装置应提供运行状态信号，运行状态信号应与保护装置面板显示灯一一对应。

（4）当远方操作功能软压板后，保护装置应向后台提供相关保护功能的投退信息：

1）"1"表示所表述的保护功能软压板投入且至少有一个相应保护功能控制字投入。

2）"0"表示所表述的保护功能软压板退出或相应保护功能控制字均退出。

### 4.4.6　继电保护中间节点信息

**1.** 中间节点要求

（1）中间节点文件扩展名为".mid"".des"，传输方式采用 DL/T 860 的文件服务。保护动作信息应和该次故障的保护录波和中间节点信息关联。

（2）保护装置提供中间节点计算量信息，中间节点信息可选择提供如电流、电压、阻抗、序分量、差动电流、制动电流等关键计算量，作为中间逻辑节点的辅助结果。

（3）保护装置的中间节点文件时序应与保护装置的录波文件时序保持一致。

**2.** 中间节点信息功能展示

（1）变压器保护包括纵差、复压闭锁过电流、零序过电流、间隙过电流、零序过电压、TA 断线、过负荷等关键逻辑结果。

（2）母线保护包括差动保护、母联失灵保护、断路器失灵保护、TA 断线等关键逻辑结果。

母联（分段）保护应包括充电过电流保护、零序充电过电流保护等关键逻辑结果。

（3）所用变压器（接地变压器）保护包括过电流保护、零序过电流保护、低压侧零序过电流保护等关键逻辑结果。

（4）电容器保护包括过电流保护、零序过电流保护、过电压保护、低电压保护、不平衡电压保护、不平衡电流保护等关键逻辑结果。

（5）电抗器保护包括过电流保护、零序过电流保护等关键逻辑结果。

### 4.4.7　继电保护日志记录

装置日志要求如下：

（1）装置日志中应包含动作、告警和状态变位等信息。

（2）装置应掉电存储不少于 1000 条日志记录，超出装置记录容量时，将循环覆盖最早的日志记录。

（3）日志与通信无关，装置上电启动时，日志使能 LogEna 属性应自动设置为 True，触发条件 TrgOps 属性应默认数据变化触发（dchg）。

（4）客户端可使用 QueryLogByTime（按时间查询日志）或 QueryLogAfter（查询某条目以后的日志）服务调取装置日志记录。

### 4.4.8　继电保护时标信息

**1.** 保护装置信息时标格式

装置显示和打印的时标为本时区时间（24 小时制），格式如下：××××年××月××日××时:××分:××秒.×××毫秒。

**2.** 保护装置信息时标原则

（1）装置显示、打印时标和上传监控的时标保持一致，其中时标精确到毫秒，按四舍五入处理。

（2）装置的告警时标应为装置确认告警的时标。

（3）保护装置的状态变位类信息的时标应为消抖后时标。

（4）保护装置的保护动作信息的时标应通过保护启动时间、保护动作相对时间二者结合的方式来表现。

（5）保护启动时间为保护启动元件的动作时刻；保护动作相对时间为保护绝对动作时刻与保护启动时刻的差，相对时间宜以毫秒为单位。

（6）对于相对时间不能直接表征的，保护元件可用保护启动、保护动作两次动作报告来表征一次故障。

## 4.5　继电保护装置远方操作

（1）装置远方操作时，至少有两个指示发生对应变化，且所有这些确定的指示均已同时发生对应变化，才能确认该设备已操作到位。

（2）远方操作双确认涉及装置所有保护功能软压板投退、定值区切换等功能。

（3）功能软压板支持以遥控方式进行投入和退出操作，并以遥信形式上传软压板状态作为第一个确认信号，并上传对应的远方操作保护功能投退状态作为第二个确认信号。软压板远方投退成功时，返回遥控成功信息；远方投退不成功时，应返回遥控失败信息。

（4）对于装置定值区切换的远方操作，上传当前定值区号作为第一个确认信号，响应远方召唤的当前区定值作为第二个确认信号。

## 4.6　身份识别代码

身份识别代码的介绍如下：

（1）保护设备识别代码是保护设备的唯一身份标志，一经确定，在装置不更换前提下，自装置制造出厂直至退役，该代码均不得变更。保护设备软件升级、硬件板卡更换等，均不得改变装置的保护设备识别代码。

（2）对于采用 IEC 61850 通信规约的保护设备，制造厂家应在装置内部存储保护设备识别代码，并能以通信方式输出。制造厂家应在保护设备内部按照如下方式建模：在公共逻辑设备 LD0 的 LPHD 逻辑节点的扩展 DO（名称为 PhyNam）中定义序列号 serNum，在 serNum 中填写保护设备识别代码，字母和数字均采用 8 位 ASCII 字符存储。

（3）保护设备识别代码信息在保护设备的人机界面可以查看。

（4）制造厂家应保证保护设备内部存储与射频识别（Radio Frequency Identification，RFID）电子标签存储的保护设备识别代码一致。

（5）制造厂家应提供技术手段，保证正常时保护设备识别代码不可更改，在存储保护设备识别代码的插件需要更换时，更换后保护设备识别代码自描述信息与前期一致。

## 4.7　时间同步管理

时间同步管理介绍如下：

（1）被授时装置应有检测输入时间不连续的能力，在出现时间不连续时进入授时，并发出时间连续性异常告警（不包括初始化阶段）。

（2）本地时钟生成的时间能正确处理闰秒，以避免产生错误的时间不连续状态。

（3）被授时装置能正确处理对时报文中的品质校验位，并在自检信息中反馈。

（4）保护装置所有智能插件（具备 CPU 处理能力）的时钟能保持同步。

（5）保护装置丢失有效对时信号时能产生"对时异常"自检报文记录并通信上传。

（6）优先采用标准网络时间协议（Network Time Protocal，NTP）规约实现保护装置对时管理的乒乓机制，此时保护装置可以作为 NTP 服务器提供装置时钟信息。

（7）含测控功能的智能化装置应具备对多个过程设备进行时间测量管理的功能，配置对过程设备时间精度的检测发布虚端子和响应返回订阅虚端子，以及对过程层设备的时间自检状态订阅虚端子。

# 第 5 章

# 智能变电站运维技术

## 5.1 巡视与检查

巡视与检查主要检查外观、面板、软压板、硬压板、光纤、电缆接线及接地、标志等是否正常。

**1. 外观检查**

（1）整体外观检查：柜内应整洁、美观，各焊口应无裂缝、烧穿、咬边、气孔、夹渣等缺陷，柜内安装的非金属材料附件应无脱层、空洞等缺陷。装置外壳应保持清洁，外盖无松动、破损、裂纹现象。

对于户外柜，在进行外观检查时，应检查柜内有无尘土，接线有无松动、断裂，光缆有无脱落，锁具、铰链、外壳防护及防雨设施是否良好，有无进水受潮，通风是否顺畅。

（2）运行状态外观检查：无异常发热，装置运行状态、通道状态等正常。

（3）指示灯、空气开关等信号检查：对时同步灯、GOOSE 通信灯等 LED 指示灯指示正常，空气开关都应在合位，电源及各种指示灯正常，无异常告警。对于需要电压切换的合并单元，还应检查电压切换指示灯与实际隔离开关运行位置指示是否一致，其他故障灯是否都熄灭。

**2. 面板检查**

面板检查包括装置面板指示灯检查和有液晶显示的值检查。

（1）对于智能终端等有指示灯无显示屏的装置，应检查前面板断路器、隔离开关位置指示灯与实际状态是否一致，面板显示所有灯是否正确。

（2）对于既有显示屏又有指示灯的装置，除应检查指示灯的显示状态与现场是否符合、正确外，还应检查面板循环显示是否正确，包括相电压、相电流、差流、定值区、重合闸充电状态显示、通道状态显示、时钟对时是否正确等。

（3）对于交换机，交换机正常工作时运行灯常亮（RUN），PWR1、PWR2

灯常亮，有光纤接入的光口，前面板上其对应的指示灯：LINK 常亮，ACT 灯闪烁，其他灯熄灭。

（4）对于保护装置，有液晶显示屏的装置，应无异常告警或报文，无可能导致装置不正确动作的信号或报文，如 SV 采样数据异常、SV 链路中断、GOOSE 数据异常、GOOSE 链路中断、通信故障、插件异常、对时异常、重合整定方式出错、通道故障、TA 断线、TV 断线、开入异常、差流越限、长期有差流、投入状态不一致、过负荷、装置长期启动、复合电压开放、定值校验错误等。应加强记录与分析，如发现问题应及时通知检修人员，并向主管部门汇报。

**3.** 软、硬压板投退状态检查

软、硬压板投退状态检查应检查装置软、硬压板投退状态是否正常。

（1）正常运行时，装置检修压板在退出位置。检修时，检修压板的状态应与运行要求相一致。

（2）装置的跳合闸及其他硬压板应与运行要求一致，闲置及备用压板已摘除。正常运行时，智能终端的跳合闸、遥控硬压板应在投入位置。变压器本体智能终端，非电量保护功能压板、非电量保护跳闸压板应在投入位置。

（3）保护装置软压板应正确投退。

对于线路保护：电压 SV 接收、电流 SV 接收、纵联/差动保护、跳断路器 GOOSE 出口、启动失灵 GOOSE 出口、闭锁重合闸 GOOSE 出口、远方投退、远方切换定值区、远方修改定值等软压板投退正确。

对于母线保护：各母电压 SV 接收、各间隔（支路）电流 SV 接收、差动保护、失灵保护、各间隔 GOOSE 跳闸出口、GOOSE 接收、远方投退、远方切换定值区、远方修改定值、支路 $n$ 强制使能、支路 $n$ 1G 强制合、支路 $n$ 2G 强制合、母线互联、母联分列等软压板投退正确。

对于主变压器保护：各侧电压 SV 接收、各侧电流 SV 接收、主保护（差动）、后备保护（高、中、低）、各侧电压投入、失灵联跳开入、跳各侧断路器 GOOSE 出口、跳各侧母联 GOOSE 出口、闭锁备自投、启动失灵、解除复压闭锁、远方投退、远方切换定值区、远方修改定值等软压板投退正确。

**4.** 光纤连接及状态检查

检查光纤是否连接正确、牢固，有无光纤损坏、弯折现象；检查光纤接头（含光纤配线架侧）是否完全旋进或插牢，有无虚接现象，检查光纤标号是否正确，每个光纤接口是否均有正确标志；网线接口是否可靠，备用芯和备用光口防尘帽有无破裂、脱落，密封是否良好。光缆与电缆分开布置并保证光缆弯曲半径不小于 50mm。

**5.** 电缆接线及接地状态检查

屏柜二次电缆接线正确，端子接触良好，编号清晰、正确。柜内宜设置截面面积不小于 100mm² 的接地铜排，并使用截面面积不小于 100mm² 的铜缆和接地网连接。柜内各 IED 接地端子应使用截面面积不小于 4mm² 的多股铜线和柜内接地铜排连接。接地线应为黄绿双色导线，或在接地导体上套黄绿双色的套管。

**6.** 温湿度状态检查

对于对温度有特定要求的设备，如智能组件柜，应对柜内温度、湿度具有自主调节功能，使最低温度保持在 −10℃ 以上，最高温度不超过 55℃，湿度保持在 90% 以下，柜内应无凝露和结冰，温度、湿度显示与后台显示一致。加热器通电后表面温度应不高于 85℃。柜内 IED 及其他电气部件与加热器之间的距离应不小于 80mm。

## 5.2 运行注意事项

运行注意事项如下：

（1）正常运行时，禁止关闭装置电源。拉合保护装置直流电源前，应先退出保护装置所有 GOOSE 输出软压板，并投入检修硬压板。

（2）正常运行时，不得插拔屏柜内 IED 上的光纤、网线等。

（3）正常运行时，对于有检修压板的装置，运维人员严禁投入检修压板。

（4）正常运行时，对于有跳闸出口硬压板的屏柜，对应的跳闸出口硬压板应在投入位置。

（5）除装置异常处理、事故检查等特殊情况外，禁止通过投退智能终端的跳、合闸出口进行硬压板投退保护。

（6）除非特殊情况下，否则禁止在柜内对运行的断路器进行就地操作，应采用远方或遥控操作。

（7）季节发生变化时，对于户外柜体，尤其是智能控制柜，应注意检查柜内温度、湿度是否正常，温度、湿度控制系统工作是否正常，高温、大负荷期间应增加户外智能控制柜巡视次数，尤其在雨季和冰雪融化季节里应检查柜体防雨盖是否有存水及漏水现象。

（8）一次设备运行时，严禁将合并单元退出运行，否则将造成相应电压、电流采样数据失去，引起保护误动或闭锁。

（9）对于运行中保护的投退，应注意：

1）当退出全套保护装置时，应先退出保护装置跳闸、失灵启动和联跳等

GOOSE 输出软压板，后投入检修硬压板。

2）退出保护装置的一种保护功能时，只需退出该保护的功能软压板；如该保护功能设有独立的跳闸出口等 GOOSE 输出，也应退出相应的 GOOSE 输出软压板。

3）在投入保护的 GOOSE 输出软压板前，应检查确认保护及安全自动装置未给出动作或告警信号（或报文）。

4）一次设备运行状态下修改保护定值时，必须退出保护；切换定值区的操作不必退出保护。

5）对单支路电流构成的保护及安全自动装置，如 220kV 线路保护等，一次设备停运二次设备检修时，退出保护装置。

6）检修范围包含智能终端、间隔保护装置时，应退出与之相关联的运行设备（如母线保护、断路器保护等）对应的 GOOSE 发送/接收软压板。

7）当通过正常投退压板无法进行可靠隔离（如运行设备侧未设置接收软压板时）或保护和安全自动装置处于非正常工作的紧急状态时，可采取断开 GOOSE、SV 光纤的方式实现隔离，但不得影响其他保护设备的正常运行。

8）双重化配置的保护装置如果各自组屏（柜），则在保护装置退出、消缺或试验时，宜整屏（柜）退出；如果组在一面保护屏（柜）内，则在保护装置退出、消缺或试验时，应做好防护措施。

9）在保护装置或光纤回路上工作前，现场运维人员应审核工作人员的工作票与安全措施，并监督工作人员严格按工作票中的内容进行作业。

（10）线路保护运行时，应注意：

1）线路纵联/差动保护投入前，在检查保护通道正常后，方可将两侧纵联保护投入。

2）线路纵联/差动保护出现光纤通道告警。

a. 配置双通道的纵联保护其中一个通道告警：可不退出保护但应加强监视，在检查通道光纤插头无松动、光纤无弯曲或破损，通道切换装置、复用通道接口装置无异常后，应通知检修人员处理。

b. 配置双通道的纵联保护双通道均告警（或配置单通道的纵联保护通道告警）：在检查通道光纤插头无松动、光纤无弯曲或破损，通道切换装置、复用通道接口装置无异常后，汇报相关调度并在得到允许后，退出通道告警的纵联/差动保护，并通知检修人员处理。

c. 在第二条件下，应同时退出线路两侧的纵联保护及共通道的远跳及过电压保护。

3）应根据调度的要求投入或退出其线路保护重合闸 GOOSE 出口软压板。

4）线路重合闸停用。

a. 停用两套重合闸：应分别将两套线路保护的停用重合闸软压板投入，并退出其重合闸 GOOSE 出口软压板。

b. 停用一套重合闸：当停用其中一套线路保护的重合闸功能时，只需将对应保护的重合闸 GOOSE 出口软压板退出，不得将其停用重合闸软压板投入。

5）线路保护停用时，应同时退出共通道的线路远跳及过电压保护。

（11）由多支路电流构成的保护及安全自动装置，如变压器差动保护、母线差动保护、3/2 接线的线路保护等，由于间隔一次设备停运影响保护的电流回路及保护逻辑判断，在确认该一次设备为冷备用或检修后，应先退出保护对应该间隔智能终端的跳闸、失灵启动等 GOOSE 输出软压板，退出接收该间隔报文的 GOOSE 接收软压板，再退出保护装置中该间隔的 SV 接收软压板。对于 3/2 接线的线路单断路器检修方式，其线路保护还应投入对应该断路器的检修软压板。运行的有多支路输入的保护，如母线保护等，应重点注意以下几点：

1）其备用间隔的 SV 和 GOOSE 软压板不得投入，未运行保护装置的 SV 及 GOOSE 软压板不得投入。

2）单个间隔停电检修，应将母差保护或主变压器保护装置中对应间隔（支路）的电流 SV 接收软压板、GOOSE 跳闸出口软压板、启动失灵开入软压板退出。

3）停用母差保护、主变压器保护时，应先停用所有支路的跳闸出口及 GOOSE 失灵发送软压板。母差保护投入运行，操作顺序与上述相反；失灵保护与母差保护共用出口，当母差保护退出时，失灵保护同时退出。

4）对于由主、子单元构成的母差保护装置，如果发生主单元与子单元通信中断，则应立即汇报调度，并通知检修人员进行处理。

5）双母线分列运行，应投入母差保护母联分列软压板，该压板应在母联开关分闸后投入，在母联开关合闸前退出。

6）双母线运行，母线 TV 停电前，应将停电母线 TV 并列开关切至另一母线运行，强制使用运行母线 TV 二次电压。

7）正常运行时，母联（分段）充电保护应停用。

（12）断路器保护，应注意：

1）断路器重合闸停用。

a. 停用两套重合闸：应分别将两套断路器保护的停用重合闸软压板投入，并退出其重合闸 GOOSE 出口软压板。

b. 停用一套重合闸：当停用其中一套断路器保护的重合闸功能时，只需将对应保护的重合闸 GOOSE 出口软压板退出，不得将其停用重合闸软压板投入。

2）对于线路两侧开关，一台断路器的重合闸退出时，另一台断路器的重合闸时间不作改动。

3）接线方式为线路、变压器串时，线路停运、断路器合环运行时，线路对应断路器的重合闸应退出 GOOSE 出口软压板。

（13）进行母线倒闸操作时，应注意：

1）每项操作后应对隔离开关开入告警信息复归，如隔离开关开入信息不能复归应停止操作，在母差间隔界面将隔离开关位置强制，汇报调度并通知检修人员处理。

2）隔离开关开入告警时，根据母差装置所提示信息，在主界面查看隔离开关实际接入位置，如隔离开关位置不对，在监控后台母差间隔界面将隔离开关位置强制，汇报调度并通知检修人员处理。

3）双母线接线倒母线操作前，应投入母线互联软压板，并拉开母联开关智能终端操作电源，确保母联开关在合位；倒母线操作结束后退出母线互联软压板。

4）倒母线操作时，应在操作前将母联开关控制直流取下，投入母差保护"母线互联"软压板，操作完毕后恢复正常。

（14）差动保护和气体保护是高压电抗器、主变压器保护的主保护，运行中不应将差动保护和气体保护同时退出。严禁其无主保护运行。

（15）保护定值。对管辖设备的定值通知单应妥善管理，不得丢失。已执行的继电保护整定通知单上应盖"已执行"章，作废的通知单应盖"作废"章或销毁。正常情况下，修改由调控部门管辖的保护定值，必须有作业计划和调控部门下发的正式通知单，否则不允许作业。事故或紧急情况下，接到调控部门当值调度员下令后，可允许继电保护人员进行保护定值的修改工作。

（16）高压电抗器保护因保护动作后会发远跳令，所以正常运行时，高压电抗器的远方跳闸功能应投入。当高压电抗器保护停用时，应退出高压电抗器保护 GOOSE 跳闸出口软压板及启动远方跳闸出口软压板。

（17）对于备自投，在变压器、母联（分段）等开关停电，备自投不具备投入条件时，操作前应先联系调度将备自投装置停用；与备自投相关的输入 GOOSE、SV 回路上有作业时，须先将备自投装置停用。

（18）对于故障信息子站和交换机，在正常运行中禁止操作复位按钮。

（19）对于有操作主机的后台、信息子站、网络报文分析仪等，严禁在主机上安装无关应用软件和游戏；不得随意改动网络、计算机名等相关设置；应做好监控主机的密码管理、病毒防护等工作，严禁非法外联；严禁非正常关机；在进行数据备份时，应使用专用 U 盘。

## 5.3　智能二次设备状态注意事项

根据运行要求，应对变电站二次设备状态予以划分和规定，且一、二次设备运行状态之间的对应关系应明确、统一。

按照《安徽电网智能变电站 220kV 继电保护运行规定》继电保护设备的运行状态一般分为"跳闸""信号""停用" 3 种状态。

**1. 线路高频保护装置状态**

（1）高频保护跳闸状态：投入装置交直流电源，投入收、发讯机直流电源，通道完好，投入保护功能软压板，投入 GOOSE 出口软压板，保护装置检修状态硬压板置于退出位置。

（2）高频保护信号状态：投入装置交直流电源，投入收、发迅机直流电源，退出主保护功能软压板，投入 GOOSE 出口软压板，保护装置检修状态硬压板置于退出位置。

（3）高频保护停用状态：投入装置交直流电源，退出收、发迅机直流电源，退出主保护功能软压板，投入 GOOSE 出口软压板，保护装置检修状态硬压板置于退出位置。

（4）微机高频保护停用状态：退出装置交直流电源，退出收、发讯机直流电源，退出保护功能软压板，退出 GOOSE 出口软压板，保护装置检修状态硬压板置于投入位置。

**2. 线路光纤保护装置状态**

（1）光纤保护跳闸状态：投入装置交直流电源，投入光纤接口装置直流电源，通道完好，投入保护功能软压板，投入 GOOSE 出口软压板，保护装置检修状态硬压板置于退出位置。

（2）光纤保护信号状态：投入装置交直流电源，投入光纤接口装置直流电源，退出主保护功能软压板，投入 GOOSE 出口软压板，保护装置检修状态硬压板置于退出位置。

（3）光纤保护停用状态：投入装置交直流电源，退出光纤接口装置直流电源，退出主保护功能软压板，投入 GOOSE 出口软压板，保护装置检修状态硬压板置于退出位置。

（4）微机光纤保护停用状态：退出装置交直流电源，退出光纤接口装置直流电源，退出保护功能软压板，退出 GOOSE 出口软压板，保护装置检修状态硬压板置于投入位置。

**3.** 线路光纤纵差保护装置状态

（1）光纤纵差保护跳闸状态：投入装置交直流电源，投入保护功能软压板，投入 GOOSE 出口软压板，保护装置检修状态硬压板置于退出位置。

（2）光纤纵差保护信号状态：投入装置交直流电源，退出主保护功能软压板，投入 GOOSE 出口软压板，保护装置检修状态硬压板置于退出位置。

（3）微机光纤纵差保护停用状态：退出装置交直流电源，退出保护功能软压板，退出 GOOSE 出口软压板，保护装置检修状态硬压板置于投入位置。

**4.** 母差保护装置状态

（1）跳闸：投入装置交直流电源，投入相关间隔功能软压板，投入相关间隔 GOOSE 出口软压板，保护装置检修状态硬压板置于退出位置。

（2）停用：退出装置交直流电源，退出相关间隔功能软压板，退出相关间隔 GOOSE 出口软压板，保护装置检修状态硬压板置于投入位置。

**5.** 母联（分段）独立过电流保护装置状态

（1）跳闸：投入装置交直流电源，投入保护功能软压板，投入 GOOSE 出口软压板，保护装置检修状态硬压板置于退出位置。

（2）停用：退出装置交直流电源，退出保护功能软压板，退出 GOOSE 出口软压板，保护装置检修状态硬压板置于投入位置。

**6.** 智能终端装置状态

（1）跳闸：投入装置直流电源，投入跳、合闸出口硬压板，智能终端检修状态硬压板置于退出位置。

（2）停用：退出装置直流电源，退出跳、合闸出口硬压板，智能终端检修状态硬压板置于投入位置。

**7.** 合并单元装置状态

（1）投入：投入装置直流电源，装置运行正常，合并单元检修状态硬压板置于退出位置。

（2）停用：退出装置直流电源，合并单元检修状态硬压板置于投入位置。

**8.** 变压器电气量保护装置状态

（1）跳闸：投入装置交直流电源，投入差动及各侧后备保护功能软压板，投入 GOOSE 出口软压板，保护装置检修状态硬压板置于退出位置。

（2）信号：投入装置交直流电源，投入差动及各侧后备保护功能软压板，退出 GOOSE 出口软压板，保护装置检修状态硬压板置于退出位置。

（3）停用：退出装置交直流电源，退出差动及各侧后备保护功能软压板，退出 GOOSE 出口软压板，保护装置检修状态硬压板置于投入位置。

（4）差动保护跳闸：投入装置交直流电源，投入差动保护功能软压板，投入 GOOSE 出口软压板，保护装置检修状态硬压板置于退出位置。

（5）差动保护信号：投入装置交直流电源，退出差动保护功能软压板，投入 GOOSE 出口软压板，保护装置检修状态硬压板置于退出位置。

（6）某侧后备保护跳闸：投入装置交直流电源，投入某侧后备保护功能软压板，投入 GOOSE 出口软压板，保护装置检修状态硬压板置于退出位置。

（7）某侧后备保护信号：投入装置交直流电源，退出某侧后备保护功能软压板，投入 GOOSE 出口软压板，保护装置检修状态硬压板置于退出位置。

**9.** 故障录波器（网络报文记录及分析装置）、继电保护故障信息子站状态

（1）运行：投入装置交直流电源。

（2）停用：退出装置交直流电源。

**10.** 某间隔（一次设备）保护投入运行应满足

继电保护装置、智能终端在"跳闸"状态，合并单元在"投入"状态，过程层网络及交换机运行正常。

## 5.4 SV 和 GOOSE 相关功能软压板注意事项及典型操作票分析

**1.** SV 和 GOOSE 相关功能软压板注意事项

（1）保护装置的间隔 MU 投入软压板，其投入含义是对应间隔的交流信号参与保护计算，等同于保护装置接入该间隔的二次绕组交流信号。

（2）保护装置的间隔 MU 投入软压板的操作应在对应间隔停电的情况下进行；MU 投入软压板的投入应在一次设备投入运行前操作，退出时应在一次设备退出运行后操作；当一次设备退出运行而二次系统无工作时，可不改变保护装置的 MU 投入软压板状态。

（3）正常运行时，接入两个及以上 MU 的保护装置，如母差保护、变压器电气量保护，当某间隔一次设备处于运行状态时，对应该间隔的 MU 投入软压板应投入（典型案例分析可见附录 F）。

（4）当 220kV 三绕组变压器两侧运行时，在某一侧开关转冷备用或检修后，现场应及时将两套变压器电气量保护装置中对应侧的 MU 投入软压板退出。

（5）当 220kV 某间隔一次设备退出运行时，在间隔开关转冷备用或检修后，现场应及时将两套母差保护中对应间隔的 MU 投入软压板退出。

（6）断路器检修时，应退出在运保护装置中与该断路器相关的 SV 软压板和 GOOSE 接收软压板。

（7）操作保护装置 SV 软压板前，应确认对应的一次设备已停电或保护装置 GOOSE 发送软压板已退出。否则，误退保护装置 SV 软压板，可能引起保护误动、拒动（典型案例分析可见第 7 章）。

**2.** 典型操作票解释

在一次设备热备用转检修或运行转检修的时候，二次继电保护设备需要进行相应的操作。此时，如果 GOOSE 相关软压板、SV 相关软压板与其对应的智能终端和合并单元如果在检修位置上存在不对应，则可能造成保护装置闭锁。下面以"××变压器 220kV 1 号主变压器及三侧开关由热备用转检修""停用 220kVA 套母差保护"两项典型操作的操作票为例对软压板的操作进行详细说明，两项操作票如表 5-1 和表 5-2 所示。

**表 5-1　　××变压器 220kV 1 号主变压器及三侧开关由热备用转检修操作票**

| 发令人 | | 接令人 | | 发令时间：　年　月　日　时　分 | |
|---|---|---|---|---|---|
| 操作开始时间：　年　月　日　时　分 | | | | 操作结束时间：　年　月　日　时　分 | |
| （　）监护下操作　（　）单人操作　（　）检修人员操作 | | | | | |
| 操作任务：××变压器 220kV 1 号主变压器及三侧开关由热备用转检修 | | | | | |
| 顺序 | 操作项目 | | | 步骤解释 | |
| 1～60 | 其他预备操作 | | | | |
| 61 | 检查 80140 接地闸刀三相确在合上位置 | | | MU 投入软压板的投入应在一次设备投入运行前操作，退出时应在一次设备退出运行后操作，因此进行 SV 软压板操作时需要确认一次设备的工作状态。当一次设备退出运行而二次系统无工作时，可不改变保护装置的"MU 投入"软压板状态 | |
| 62 | 检查 220kV 母差保护屏上 28011 闸刀位置与一次方式 | | | | |
| 63 | 检查 110kV 母差保护屏上 4011 闸刀位置与一次方式 | | | | |
| 64 | 拉开 1 号主变压器本体智能终端柜第 1 路总电源 | | | | |
| 65 | 拉开 1 号主变压器本体智能终端柜第 2 路总电源 | | | | |
| 66 | 将 220kV 母差保护屏 A 上 2801 支路投入软压板由"1"改为"0" | | | 保护装置的间隔 MU 投入软压板，其投入含义是对应间隔的交流信号参与保护计算，等同于保护装置接入该间隔的二次绕组交流信号。因此，此步骤操作使得 A 套 220kV 母差保护不再接收 2801 支路的 SV 数据，2801 支路电流数据不再计入母线差流计算。若不退出，因线路合并单元检修状态和 SV 接收软压板状态不一致，可能造成母线保护闭锁，见第 7 章的故障案例（以下类同） | |

续表

| 顺序 | 操作项目 | 步骤解释 |
|---|---|---|
| 67 | 将 220kV 母差保护屏 A 上 2801 失灵 GOOSE 接收软压板由 "1" 改为 "0" | A 套 220kV 母差保护不再接收 2801 线路保护发送的失灵启动信号。若不退出，在主变压器三侧的检修试验可能向母差保护发送失灵启动信号，从而引起母差保护误动 |
| 68 | 将 220kV 母差保护屏 A 上 2801 跳闸 GOOSE 发送软压板由 "1" 改为 "0" | A 套 220kV 母差保护不再向 2801 线路开关发送跳闸命令。若不退出，在主变压器三侧的检修试验可能向母差保护发送失灵启动信号，从而引起母差保护误动 |
| 69 | 将 220kV 母差保护屏 A 上 2801 联跳 GOOSE 发送软压板由 "1" 改为 "0" | A 套 220kV 母差保护在 2801 开关失灵时，不再向连接在故障母线上的其他线路开关发送联跳信号。若不退出，母差保护接收到主变压器失灵 GOOSE 误启动信号，则可能切除主变压器所连母线的其余所有支路和母联开关 |
| 70 | 将 220kV 母差保护屏 B 上 2801 支路投入软压板由 "1" 改为 "0" | B 套 220kV 母差保护不再接收 2801 支路的 SV 数据，2801 支路电流数据不再计入母线差流计算 |
| 71 | 将 220kV 母差保护屏 B 上 2801 失灵 GOOSE 接收软压板由 "1" 改为 "0" | B 套 220kV 母差保护不再接收 2801 线路保护发送的失灵启动信号 |
| 72 | 将 220kV 母差保护屏 B 上 2801 跳闸 GOOSE 发送软压板由 "1" 改为 "0" | B 套 220kV 母差保护不再向 2801 线路开关发送跳闸命令 |
| 73 | 将 220kV 母差保护屏 B 上 2801 联跳 GOOSE 发送软压板由 "1" 改为 "0" | B 套 220kV 母差保护在 2801 开关失灵时，不再向连接在故障母线上的其他线路开关发送联跳信号 |
| 74 | 将 110kV 母差保护屏上 401 支路投入软压板由 "1" 改为 "0" | 110kV 母差保护不再接收 401 支路的 SV 数据，401 支路电流数据不再计入母线差流计算 |
| 75 | 将 110kV 母差保护屏上 401 跳闸 GOOSE 发送软压板由 "1" 改为 "0" | 110kV 母差保护不再向 401 线路开关发送跳闸命令 |
| 76 | 汇报 | |

备注：

填票人：　　审票人：　　值班负责人（值长）：

操作人：　　监护人：　　填票时间：

表 5－2　　　　　　　　　停用 220kVA 套母差保护

| 发令人 | | 接令人 | | 发令时间： | 年　月　日　时　分 |
|---|---|---|---|---|---|
| 操作开始时间： | 年　月　日　时　分 | | | 操作结束时间： | 年　月　日　时　分 |

（　）监护下操作　（　）单人操作　（　）检修人员操作

操作任务：停用 220kVA 套母差保护

要点说明：对于 220kV 电压等级，在停用母差保护时，应按顺序进行以下步骤：
退出 GOOSE 失灵启动软压板、主变压器高压侧失灵解除复压闭锁软压板；
退出相关间隔 GOOSE 跳闸（联跳）软压板；
退出相关间隔（压变间隔）投入功能软压板；
投入母差保护装置检修状态硬压板；
退出母差保护装置电源

| 顺序 | 操作项目 | 步骤解释√ |
|---|---|---|
| 1 | 将 220kV 母差保护屏 A 上 4887 失灵 GOOSE 接收软压板由 "1" 改为 "0" | A 套 220kV 母差保护不再接收 4887 线路保护发送的失灵启动信号。GOOSE 接收软压板的退出应该与智能终端的检修压板投入相对应，否则将造成相应保护闭锁 |
| 2 | 将 220kV 母差保护屏 A 上 4887 跳闸 GOOSE 发送软压板由 "1" 改为 "0" | A 套 220kV 母差保护不再向 4887 开关发送的跳闸信号。若不退出，在母差保护断电等过程中可能误发送信号，造成相关线路跳闸 |
| 3 | 将 220kV 母差保护屏 A 上 4888 失灵 GOOSE 接收软压板由 "1" 改为 "0" | A 套 220kV 母差保护不再接收 4888 线路保护发送的失灵启动信号。若不退出，可能造成母差失灵保护误出口 |
| 4 | 将 220kV 母差保护屏 A 上 4888 跳闸 GOOSE 发送软压板由 "1" 改为 "0" | A 套 220kV 母差保护不再向 4888 开关发送跳闸信号 |
| 5 | 将 220kV 母差保护屏 A 上 2D39 失灵 GOOSE 接收软压板由 "1" 改为 "0" | A 套 220kV 母差保护不再接收 2D39 线路保护发送的失灵启动信号 |
| 6 | 将 220kV 母差保护屏 A 上 2D39 跳闸 GOOSE 发送软压板由 "1" 改为 "0" | A 套 220kV 母差保护不再向 2D39 开关发送跳闸信号 |
| 7 | 将 220kV 母差保护屏 A 上 2D30 失灵 GOOSE 接收软压板由 "1" 改为 "0" | A 套 220kV 母差保护不再接收 2D30 线路保护发送的失灵启动信号 |
| 8 | 将 220kV 母差保护屏 A 上 2D30 跳闸 GOOSE 发送软压板由 "1" 改为 "0" | A 套 220kV 母差保护不再向 2D30 开关发送跳闸信号 |
| 9 | 将 220kV 母差保护屏 A 上 2801 失灵 GOOSE 接收软压板由 "1" 改为 "0" | A 套 220kV 母差保护不再接收 2801 线路保护发送的失灵启动信号 |
| 10 | 将 220kV 母差保护屏 A 上 2801 跳闸 GOOSE 发送软压板由 "1" 改为 "0" | A 套 220kV 母差保护不再向 2801 开关发送跳闸信号 |
| 11 | 将 220kV 母差保护屏 A 上 2801 联跳 GOOSE 发送软压板由 "1" 改为 "0" | A 套 220kV 母差保护在 2801 开关失灵时，不再向连接在故障母线上的其他线路开关发送联跳信号 |
| 12 | 将 220kV 母差保护屏 A 上 2802 失灵 GOOSE 接收软压板由 "1" 改为 "0" | A 套 220kV 母差保护不再接收 2802 线路保护发送的失灵启动信号 |
| 13 | 将 220kV 母差保护屏 A 上 2802 跳闸 GOOSE 发送软压板由 "1" 改为 "0" | A 套 220kV 母差保护无法再向 2802 线路开关发送跳闸命令 |
| 14 | 将 220kV 母差保护屏 A 上 2802 联跳 GOOSE 发送软压板由 "1" 改为 "0" | A 套 220kV 母差保护在 2802 开关失灵时，不再向连接在故障母线上的其他线路开关发送联跳信号 |
| 15 | 将 220kV 母差保护屏 A 上 2800 失灵 GOOSE 接收软压板由 "1" 改为 "0" | A 套 220kV 母差保护不再接收 2800 线路保护发送的失灵启动信号 |
| 16 | 将 220kV 母差保护屏 A 上 2800 跳闸 GOOSE 发送软压板由 "1" 改为 "0" | A 套 220kV 母差保护不再向 2800 开关发送跳闸信号 |
| 17 | 测量 220kV 母差保护屏 A 上装置检修压板两端电压正常 | |
| 18 | 投入 220kV 母差保护屏 A 上装置检修压板 | |
| 19 | 拉开 220kV 母差保护屏 A 后装置电源 | |
| 20 | 汇报 | |

备注：

填票人：　　　　审票人：　　　　值班负责人（值长）：

操作人：　　　　监护人：　　　　填票时间：

## 5.5　智能设备检修压板注意事项

智能设备检修压板注意事项如下：

（1）处于"投入"状态的合并单元、保护装置、智能终端不得投入检修硬压板。

1）误投合并单元检修硬压板，保护装置将闭锁相关保护功能。

2）误投智能终端检修硬压板，保护装置跳合闸命令将无法通过智能终端作用于断路器。

3）误投保护装置检修硬压板，保护装置将被闭锁。

4）设备投运前应确认各智能组建检修压板已经退出。

（2）合并单元检修硬压板操作原则：

1）操作合并单元检修硬压板前，应确认所属一次设备处于检修状态或冷备用状态，且所有相关保护装置的 SV 软压板已退出，特别是仍继续运行的保护装置（典型案例分析可见附录 D）。

2）一次设备不停电情况下进行合并单元检修时，应在对应的所有保护装置处于"退出"状态后，方可投入该合并单元检修硬压板。

（3）智能终端检修硬压板操作原则：

1）操作智能终端检修硬压板前，应确认所属断路器处于分位，且所有相关保护装置的 GOOSE 接收软压板已退出，特别是仍继续运行的保护装置。

2）一次设备不停电情况下进行智能终端检修时，应确认该智能终端跳合闸出口硬压板已退出，且同一设备的两套智能终端之间无电气联系后，方可投入该智能终端检修硬压板。

（4）保护装置检修硬压板操作前，应确认与其相关的在运保护装置所对应的 GOOSE 接收、GOOSE 发送软压板已退出。

（5）继电保护装置、合并单元、智能终端等 IED 具有状态自动识别功能，当合并单元、智能终端、保护装置的检修状态硬压板均投入时，保护装置仍能出口跳闸。当合并单元、智能终端、保护装置的检修状态硬压板状态不一致时，保护装置将闭锁其功能。

## 5.6　智能变电站典型安全措施注意事项

智能变电站典型安全措施注意事项如下：

（1）当需要退出某套线路保护装置的重合闸功能时，应退出该套保护的 GOOSE 重合闸出口软压板；当需要停用线路重合闸功能时，第一、二套线路保护的 GOOSE 重合闸出口软压板应退出、停用重合闸软压板应投入。

（2）当继电保护装置中的某种保护功能退出时，应首先退出该功能独立设置的出口压板；若无独立设置的出口压板时，退出其功能投入压板；若无功能投入压板或独立设置的出口压板时，退出装置共用的出口压板。

（3）保护装置应处理合并单元上传的数据品质位（无效、检修等），及时准确提供告警信息。在异常状态下，利用合并单元的信息合理地进行保护功能的退出和保留，瞬时闭锁可能误动的保护，延时告警，并在数据恢复正常之后尽快恢复被闭锁的保护功能，不闭锁与该异常采样数据无关的保护功能。

（4）当继电保护设备出现危及设备安全运行或现场安全运行等紧急缺陷时，值班调度员应立即采取变更运行方式、停运相关一次设备、投停相关继电保护等应急措施。

（5）智能变电站继电保护设备的软件应经调度机构备案并允许后方可投入运行，运行中的软件版本需征得相应调度机构同意后方可调整，版本调整后应作必要的试验。

（6）一次设备停电时，应先停一次设备，后停继电保护；送电时，应在送电前投入继电保护。一次设备停电，继电保护设备无工作需要时可不退出，但应在一次设备送电前检查继电保护状态正常。

（7）合并单元、智能终端、继电保护装置等双重化配置的设备其中一套异常或故障时，可不停运相关一次设备。对于单套配置的间隔，对应一次设备应退出运行。

（8）当一次设备某间隔（如线路、母联、变压器）为热备用时，视为该间隔投入运行，继电保护设备应正常投入运行。

（9）当一次设备某间隔（如线路、母联、变压器）转冷备用或检修后，继电保护设备应进行如下操作：

1）母差保护退出相应间隔 MU 投入软压板，退出相应间隔 GOOSE 出口、GOOSE 启动失灵软压板。

2）相关间隔的保护一般应在投入状态，此时不应在保护装置及二次回路上有任何工作。若有相关工作，应将保护投信号或改停用。

（10）对于双重化配置的 220kV 间隔，当停用第一（二）套智能终端时，应将第一（二）套智能终端投停用状态，对应的保护装置投入检修状态硬压板。

（11）对于双重化配置的 220kV 间隔，当停用某套合并单元时，应将该合并单元投停用状态，相对应的线路保护、母差保护、变压器电气量保护、母联（分段）独立过电流保护投入检修状态硬压板。此时接入该合并单元的测控、计量、故障录波器等装置失去交流采样。

（12）对于双重化配置的 220kV 母线电压合并单元，当单套停用时，对于线路间隔保护，若保护接入的是线路电压，则可不进行任何操作，线路保护正常投入；对于其他情况，相应保护将失去母线电压，保护装置的处理由现场根据保护原理进行相关操作。

（13）当 220kV 三绕组变压器两侧运行时，在某侧一次开关转冷备用或检修后，应将两套变压器电气量保护中对应侧 MU 投入软压板退出，同时退出对应侧 GOOSE 出口、GOOSE 启动失灵软压板。

（14）母线 TV 检修时，应将第一套、第二套母线电压合并单元投 TV 并列。

（15）当 220kV 线路开关停电或保护有工作时，应停用该开关的失灵保护。失灵保护故障、异常、必须停用失灵保护，并解除其启动其他保护的回路（如母差保护）。

（16）操作带有闭锁装置的隔离开关时，应按闭锁装置的使用规定进行，不得随便动用解锁钥匙或破坏闭锁装置。事故情况下，允许使用紧急解锁钥匙进行应急解锁，但是必须履行解锁申请和许可手续，并由两人进行。

（17）智能变电站扩建间隔保护传动试验时，应防止误跳运行开关，防止误启动闭锁运行间隔保护。安全措施可有以下几种：

1）相关一次设备陪停。

2）采用调试交换机进行脱网调试。

3）试验保护置检修态，区别于运行设备。

4）退出试验保护与运行设备间的出口压板及接收压板。

具体试验时，应根据现场运行方式和保护配置，采用不同的安全措施。

（18）智能变电站扩建间隔保护软压板遥控试验时，为防止监控后台配置错误而造成误遥控运行间隔一次设备或二次装置，试验时应将全变电站运行间隔的测控装置置"就地"状态；保护装置退出远方操作硬压板，以防止遥控试验时误遥控软压板或误修改定值。

## 5.7　电流电压核相要点

**1.** 电流核相

系统进行一次通流时，应通过观察母线保护差电流幅值，可以定性比对母线保护各间隔合并单元采样同步特性。应特别注意母线保护不应有差电流启动信号出现，有启动信号时应进行仔细排查。一次（二次）通压时，应检查母线电压互感器输出值，线路（主变压器）间隔合并单元的电压级联功能、电压切换功能等的正确性。有条件时，同步进行一次通流和一次通压，检查电子式互感器电流、电压的极性、变比、电流与电压之间的相角差是否符合保护要求。

**2.** 电压核相

（1）从合并单元或 SV 网交换机端口获取交流采样值信号时的核相工作。

1）利用专用工具进行数据采样分析，得到电压的相量信息。

2）判据所有相关采样值信号同步。

3）对单组 TV 的电压的相位、幅值、相序等进行检查与判断。

4）对两组 TV 的电压相位、幅值进行检查和比较。

（2）利用故障录波器、网络分析仪进行核相工作。

1）判断装置所显示的数据有效。

2）对单组 TV 的电压的相位、幅值、相序等进行检查与判断。

3）对两组 TV 的电压相位、幅值进行检查和比较。

**3.** 电流电压同步核相

根据调度端潮流数据判断待校验间隔的潮流数据，进行以下工作：

（1）对于模拟量输入式合并单元配置的间隔进行带负荷验证。

1）对输入合并单元的模拟量进行电流电压极性校验。

2）利用保护装置得到的电压、电流相量信息，与已知的潮流数据进行核对，判断电流的幅值、相位、极性等是否正确，与对侧或本侧相邻间隔比较验证极性的正确性。

3）与录波器、报文分析仪及相应的测控装置进行对比，保证正确性。

（2）对于数字式输入合并单元配置的间隔进行带负荷验证。

1）利用保护装置得到的电压、电流相量信息，与已知的潮流数据进行核对，判断电流的幅值、相位、极性等是否正确，与对侧或本侧相邻间隔比较验证极性的正确性。

2）与录波器、报文分析仪及相应的测控装置进行对比，保证正确性。

**4.** 差动保护差流校对

（1）检查主变压器差动保护差电流，数值应小于 0.05 倍的主变压器额定电流值。

（2）检查光纤纵联差动保护差电流，数值应约等于线路充电电容电流值。

## 5.8　现场第三方人员工作管理注意事项

现场第三方人员工作管理注意事项如下：

（1）应审查工程项目和外委业务承包方企业资质（营业执照、法人资格证书）、业务资质（建设主管部门和电力监管部门颁发的资质证书）和安全资质（安全生产许可证、近3年安全情况证明材料）是否符合工程要求。

（2）进入现场开展工作的第三方人员，应进行安全教育培训，经《电力安全工作规程》考试合格后方可进入生产现场工作。

（3）第三方人员所使用施工机械、工器具、安全用具及安全防护设施应满足安全作业需求（典型案例分析可见第7章）。

# 第6章

# 智能变电站故障及异常处理

## 6.1　故障及异常处理主要原则

变电站智能设备异常及事故处理应按照上级调控、运维检修相关规范及变电站现场运行规程执行。根据变电站智能设备的功能特点，智能设备异常及事故处理遵循以下主要原则：

（1）电子式互感器（采集单元）、合并单元异常或故障时，应退出对应的保护装置的出口软压板。

1）单套配置的合并单元、采集器、智能终端故障时，应在对应的一次设备改为冷备用或检修后，退出对应的保护装置，同时应退出母线保护等其他接入故障设备信息的保护装置（母线保护相应间隔软压板等），母联断路器和分段断路器根据具体情况进行处理。

2）双套配置的合并单元、采集器、智能终端单台故障时，应退出对应的保护装置，并应退出对应的母线保护的该间隔软压板。

3）智能终端异常或故障时，应退出相应的智能终端出口压板，同时退出受智能终端影响的相关保护设备。

（2）保护装置异常或故障时，应退出相应的保护装置的出口软压板。

（3）当无法通过退软压板停用保护时，应采用其他措施，但不得影响其他保护设备的正常运行。

（4）母线电压互感器合并单元异常或故障时，按母线电压互感器异常或故障处理。

（5）按间隔配置的交换机故障，当不影响保护正常运行时（如保护采用直采直跳方式）可不停用相应保护装置；当影响保护装置正常运行时（如保护采用网络跳闸方式），应视为失去对应间隔保护，应停用相应保护装置，必要时停运对应的一次设备。

（6）公用交换机异常和故障若影响保护正确动作，应申请停用相关保护装置，当不影响保护正确动作时，可不停用保护装置。

（7）在线监测系统告警后，运维人员应通知检修人员进行现场检查。确定在线监测系统误告警的，应根据情况退出相应告警功能或退出在线监测系统，并通知维护人员处理。

（8）运维人员应掌握智能告警和辅助决策的高级应用功能，正确判断并处理故障及异常。

## 6.2　合并单元装置故障及异常处理

一般性合并单元故障处理方式：

（1）合并单元硬件缺陷，光口损坏，通知检修人员处理。

（2）合并单元装置电源空开跳闸时，经调度同意，应退出对应的保护装置的出口软压板后，将装置改停用状态后重启装置一次，如异常消失将装置恢复运行状态，如异常未消失，汇报调度，通知检修人员处理。

（3）双重化配置的合并单元，单套异常或故障时，应及时执行临时安全措施，同时向有关调度汇报，并通知检修人员处理。

（4）双重化配置的合并单元双套均发生故障时，应立即向有关调度汇报，必要时可申请将相应间隔停电，并及时通知检修人员处理。

（5）当后台发"SV 总告警"时，应检查相关保护装置采样，汇报调度，申请退出相关保护装置，通知检修人员处理。

（6）当后台发"合并单元同步异常报警、光耦失电报警、GOOSE 总报警"时，汇报调度，通知检修人员处理。

（7）当装置接收的 IEC 60044－8 采样值光强低于设定值时，则"光纤光强异常"指示灯点亮，检查装置接收母线电压的光纤是否损坏及松动，检查保护装置电压是否正常后，汇报调度，通知检修人员处理。

（8）内部逻辑处理或数据处理芯片损坏（典型案例分析可见第 7 章），表现为数据异常，判别方法：假若 A 相电流数据异常，可将 A 相数据光纤接到 B 口，B 口光纤接到 A 口，如数据仍然表现 A 相数据异常，则可断定合并单元数据接口异常。此类性质的问题处理方法通常是更换插件，通知检修人员联系厂家处理。

（9）对于继电保护采用"直采直跳"方式的合并单元失步，不会影响保护功能，但是需要通知检修人员处理。

（10）当合并单元失步时，同步灯熄灭，但不告警，要检查本屏的交换机是否失电，保证交换机工作正常。否则，要看其他同网的合并单元是否也同时失步，如果同时失步，则要马上检查主干交换机和主时钟是否失电，要保证主干交换机和主时钟工作正常。如果均正常，则通知相关调度和部门进行处理，通知检修人员处理。

（11）合并单元电压采集回路断线（TV 断线）时，应立即通知检修人员处理。

（12）合并单元电流采集回路断线（TA 断线）时，应停用接入该合并单元电流的保护装置，并通知检修人员处理。

特定设备的合并单元事故异常处理：

（1）220kV 线路间隔合并单元。单套合并单元异常或故障时，该合并单元投"停用"状态，对应的线路保护投入检修状态硬压板，同时退出 GOOSE 出口软压板、GOOSE 启动失灵软压板；对应的母差保护投入检修状态硬压板，同时退出全部间隔的 GOOSE 出口软压板、GOOSE 启动失灵软压板。

两套合并单元同时异常或故障时，应停运一次设备，两套母差保护均应退出对应间隔的 MU 投入软压板，两套合并单元均投"停用"状态；两套线路保护均投入检修状态硬压板；两套母差保护还应退出对应间隔的 GOOSE 出口软压板、GOOSE 启动失灵软压板。

（2）220kV 变压器高压侧合并单元。单套合并单元异常或故障时，该合并单元投"停用"状态，对应变压器电气量保护投入检修状态硬压板，同时退出各侧 GOOSE 出口软压板、GOOSE 启动失灵软压板（如有）；对应的母差保护投入检修状态硬压板，同时退出全部间隔的 GOOSE 出口软压板、GOOSE 启动失灵软压板。

两套合并单元同时异常或故障时，应停运一次设备（主变压器停运时），两套母差保护均应退出对应间隔的 MU 投入软压板，两套合并单元均投"停用"状态；两套变压器电气量保护均应投入检修状态硬压板；两套母差保护还应退出对应间隔的 GOOSE 出口软压板、GOOSE 启动失灵软压板。

两套合并单元同时异常或故障时，应停运一次设备（主变压器高压侧开关停运时），两套母差保护均应退出对应间隔的 MU 投入软压板，两套合并单元均投"停用"状态；两套变压器电气量保护均应退出高压侧 GOOSE 出口软压板、MU 投入软压板、GOOSE 启动失灵软压板；两套母差保护还应退出对应间隔的 GOOSE 出口软压板、GOOSE 启动失灵软压板。

（3）220kV 母联（分段）间隔合并单元。单套合并单元异常或故障时，该合并单元投"停用"状态，对应母联（分段）独立过电流保护投入检修状态硬压板，同时退出 GOOSE 出口软压板、GOOSE 启动失灵软压板；对应的母差保护投入检修状态硬压板，同时退出全部间隔的 GOOSE 出口软压板、GOOSE 启动失灵软压板。

两套合并单元同时异常或故障时，宜停运一次设备，两套母差保护均应退出对应间隔的 MU 投入软压板，两套合并单元投"停用"状态；两套母联（分段）独立过电流保护均应投入检修状态硬压板；两套母差保护还应退出对应间隔的 GOOSE 出口软压板、GOOSE 启动失灵软压板。

两套合并单元同时异常或故障时，可将母联（分段）开关改为死开关，两套母差保护均应投入母线互联软压板、退出对应间隔的 MU 投入软压板，两套合并单元投"停用"状态；两套母联（分段）独立过电流保护均应投入检修状态硬压板。

（4）母线电压合并单元。单套母线电压合并单元异常或故障时，应将该合并单元投"停用"状态，保护操作按母线电压合并单元单套停用处理。

两套母线电压合并单元同时异常或故障时，应将两套合并单元均投"停用"状态，保护操作按现场运行规程处理。

（5）对于测控装置、计量装置、故障录波器等仅接入单套合并单元的情形，在该套合并单元异常或故障时，将失去测控、计量及故障录波功能，现场应制定相应处理措施。

## 6.3　智能终端装置故障及异常处理

一般性智能终端异常处理方式：

（1）硬件缺陷、光口损坏、装置电源损坏等，通知检修人员联系厂家处理。

（2）双重化配置的智能终端，单套故障需退出运行时，应及时执行临时安全措施，同时向有关调度汇报，并通知检修人员处理。

（3）双重化配置的智能终端故障双套均发生故障时，应立即向有关调度汇报，必要时可申请将相应间隔停电，并及时通知有关检修部门处理。

（4）单套配置的智能终端（如变压器本体智能终端、母线智能终端）发生故障时，应及时执行临时安全措施，通知检修人员处理，并向有关调度汇报。

（5）当装置运行灯出现红色、发装置闭锁信号时，汇报调度，申请退出该智能终端及相关保护，通知检修人员处理。

（6）当装置发外部时钟丢失，智能开入、开出插件故障，开入电源监视异常，GOOSE 告警等异常信号时，汇报调度，必要时申请退出该智能终端及相关保护，通知检修人员处理。

（7）当装置断路器、隔离开关位置指示灯异常时，汇报调度，必要时申请退出该智能终端及相关保护，通知检修人员处理。

（8）内部操作回路损坏，表现为继电器拒动、抖动、遥信丢失等。首先检查开入、开出量是否正确，检查装置接收/发送的 GOOSE 报文是否正确，装置 CPU 运行是否正常。排除以上情况后，确定为内部元件损坏，应通知检修人员处理或联系厂家处理。

特定设备的智能终端事故异常处理：

（1）220kV 线路间隔智能终端。当单套智能终端异常或故障时，该智能终端投"停用"状态，对应的线路保护投入检修状态硬压板；对应的母差保护不需操作。当异常或故障的智能终端是第一套时，若一次开关为"双跳圈、双合圈"设备，则第二套线路保护装置仍具备单相重合闸功能；若一次开关为"双跳圈、单合圈"设备，则第二套线路保护装置还需退出 GOOSE 合闸出口软压板，投入停用重合闸软压板，对应线路间隔将失去单相重合闸功能。

当两套智能终端同时异常或故障时，应停运一次设备，两套母差保护均应退出对应间隔的 MU 投入软压板，两套智能终端投"停用"状态；两套线路保护均应投入检修状态硬压板；两套母差保护还应退出对应间隔的 GOOSE 出口软压板、GOOSE 启动失灵软压板。

（2）220kV 变压器高压侧智能终端。当单套智能终端异常或故障时，该套智能终端投"停用"状态，对应的变压器电气量保护投入检修状态硬压板；对应的母差保护不需操作。

当两套智能终端同时异常或故障时，应停运一次设备（主变压器停运时），两套母差保护均应退出对应间隔的 MU 投入软压板，两套智能终端投"停用"状态；两套变压器电气量保护均应投入检修状态硬压板；两套母差保护还应退出该主变压器间隔的 GOOSE 出口软压板、GOOSE 启动失灵软压板。

当两套智能终端同时异常或故障时，应停运一次设备（主变压器高压侧开关停运时），两套母差保护均应退出对应间隔的 MU 投入软压板，两套智能终端均投"停用"状态；两套变压器电气量保护均应退出高压侧 GOOSE 出口软压板、GOOSE 启动失灵软压板；两套母差保护还应退出该主变压器间隔的 GOOSE 出口软压板、GOOSE 启动失灵软压板。

（3）220kV 母联（分段）间隔智能终端。当单套智能终端异常或故障时，该智能终端投停用状态，对应的母联（分段）独立过电流保护应投入检修状态硬压板；对应的母差保护不需操作。

　　当两套智能终端同时异常或故障时，宜停运一次设备，两套母差保护均应退出对应间隔的 MU 投入软压板，两套智能终端投"停用"状态；两套母联（分段）独立过电流保护均应投入检修状态硬压板；两套母差保护还应退出母联（分段）间隔的 GOOSE 出口软压板、GOOSE 启动失灵软压板。

　　当两套智能终端同时异常或故障时，可将母联（分段）开关改死开关，两套母差保护均应投入母线互联软压板、退出对应间隔的 MU 投入软压板，两套智能终端投"停用"状态；两套母联（分段）独立过电流保护均应投入检修状态硬压板。

　　合并单元智能终端集成装置故障及异常处理方法见 5.2 节及 5.3 节。

## 6.4　智能控制柜装置故障及异常处理

　　智能控制柜温度越限、湿度越限、上传数据异常，风扇、加热器不能正常工作或频繁启动，应立即汇报检修部门，及时处理。

## 6.5　保护及安全自动装置故障及异常处理

　　保护及安全自动装置故障及异常处理方法如下：

　　现场运维人员负责记录并向主管调度汇报智能变电站保护装置（包括安全自动装置、信息子站及试运行的保护装置）动作、告警等情况，记录保护及故障录波装置动作后的打印报告，全部记录正确后，方可复归。要求记录和向调度报告的内容如下：

　　（1）故障时间。

　　（2）跳闸断路器的编号、相别。

　　（3）完整的保护动作信息。

　　（4）安全自动装置动作信号及动作结果。

　　（5）合并单元、智能终端动作及告警情况。

　　（6）电流、电压、功率变化波动情况。

　　（7）录波器动作情况。

　　如发现下列情况时应立即向有关调度汇报，必要时可申请将有关保护及自动装置停运，并及时通知有关检修部门处理。

　　（1）装置出现异常发热、冒烟着火。

　　（2）装置内部出现放电或异常声响。

（3）装置出现严重故障信号且不能复归。

（4）其他明显能引起误动或拒动危险的情况。

一次设备运行中，需要退出保护装置（或部分功能）进行缺陷处理时，相关保护未退出前不得投入合并单元检修压板，防止保护误闭锁。

1）"检修不一致"告警且不能复归：应检查保护装置与相关保护、合并单元、智能终端检修硬压板状态是否一致；若仍无法处理，立即报告值班监控员，并通知检修人员处理。

2）"SV 通道异常""SV 断链"等告警且不能复归：检查装置有关 SV 光纤连接是否正常；若仍无法处理，应立即报告值班监控员，申请退出相关保护，并通知检修人员处理。

3）"SV 采样无效"告警且不能复归：结合装置面板信息检查合并单元有无告警信号，同时汇报当值监控员，并通知检修人员进行处理。

4）"SV 品质异常""双 AD 不一致"告警且不能复归：立即报告值班监控员，申请退出相关保护，并通知检修人员处理。

5）"GOOSE 通道异常""GOOSE 断链"等告警且不能复归：检查装置 GOOSE 连接光纤是否正常；若仍无法处理，应立即报告值班监控员，并通知检修人员处理。

6）运行灯或电源灯熄灭：检查电源回路有无异常，如空气开关跳闸，可在检修人员指导下试送一次；若异常无法恢复，应向当值监控员申请退出该保护装置，并通知检修人员进行处理。

7）TV 断线：检查其他相关保护及母线合并单元的告警信息，若同时告警，可参照母线合并单元异常处理，若只是本间隔告警，检查至该侧合并单元两端光纤连接是否可靠；若仍无法处理，应立即报告值班监控员，并通知检修人员处理。

8）长期有差流：汇报当值监控员申请退出该保护装置，同时通知检修人员进行处理。

运行装置发生其他异常告警，运维人员到达现场后可先联系检修人员，在检修人员指导下进行简单处理；若异常仍不能消除，应立即通知检修人员到现场处理。

如保护装置发"装置异常"信号，应检查保护装置、合并单元及光纤回路有无异常信号，记录保护装置指示灯和自检信息，根据异常信息汇报调度，履行许可手续后停用相应保护。待专业人员进一步检查和处理，检查、处理情况及时汇报调度和上级部门。

如主变压器保护装置发"装置异常""TA 异常"信号，检查主变压器保护各装置液晶显示信息，确认故障情况可能为差流告警、TA 异常，则必须立即停用相应装置的差动保护。出现上述两种情况都应及时检查电子式互感器、光学互感器及合并单元有无异常，并尽快恢复，将检查结果汇报调度及上级部门。

如主变压器保护装置发"保护装置异常"信号，检查发现主变压器保护各装置液晶显示"某侧电压异常"，保护面板"报警"指示灯亮，则应立即在该侧电子式互感器、光学互感器及合并单元中查找原因，检查合并单元、光纤回路有无断线及接头脱落接触不良等情况，原因不明或无法处理时应立即汇报调度及上级部门，设法进行处理。

如线路保护装置发"装置异常""交流电压断线"信号，检查发现各保护面板"TV 异常"指示灯亮，液晶显示"电压断线"，可确定为装置交流异常，立即申请调度停用其"主保护"投入压板，并检查合并单元或光纤传输通道是否故障，检查情况及时汇报调度和上级部门。

控制回路断线处理原则：保护装置发"控制回路断线"和"电源断线"信号，若只是操作箱 I 跳圈或 II 跳圈"运行"指示灯灭，此时应检查保护屏后控制电源 I、II 空气开关是否跳开，若线路保护和失灵及辅助保护装置同时失电，并发"装置闭锁"信号，则应检查保护屏后控制电源开关保护是否跳开，直流电源屏的控制电源开关及回路有无短路、开路等异常现象，以及端子排及保护装置箱有无断线和接触不良等现象。出现上述两种情况都应立即申请停用全部保护，汇报调度，试送一次保护控制电源，试送成功汇报调度投入有关保护，试送不成功应查明原因，必要时应汇报调度及上级部门，等候专业人员处理。

如线路保护装置发"装置闭锁"信号，两套线路保护装置均失电，保护面板指示灯灭，此时应立即停用该保护屏上所有出口（软）压板和重合闸（软）压板，若保护屏后电源空气开关跳闸，可试送一次，试送不成功不得再强送。检查直流回路有无异常，检查和处理情况及时汇报调度和上级部门。

如线路保护装置液晶显示屏显示信息为"线路 TV 断线"，应检查线路电压互感器熔丝是否熔断或接触不良。

自动装置发"交、直流电源消失"信号后，应检查交、直流电源空气开关及熔丝是否正常，不能恢复时，应申请停用自动装置并汇报上级部门。

发现自动装置电压回路有异常时，注意检查端子排上的熔丝是否异常，不能恢复时，应汇报调度及上级部门，等候专业人员处理。

　　双重化配置的 220kV 保护装置单套异常或故障时，应将异常或故障的保护装置改停用处理，与本保护装置有联系的智能终端投入检修状态硬压板，退出跳闸出口硬压板。

　　双重化配置的 220kV 线路保护、变压器电气量保护装置同时异常或故障时，应停运一次设备，将异常或故障的保护装置改停用处理，与保护装置有联系的智能终端投入检修状态硬压板。

　　双重化配置的 220kV 母差保护装置同时异常或故障时，将两套母差保护装置改停用处理，其他设备的操作按双套母差保护停用处理。

　　双重化配置的 220kV 母联（分段）独立过电流保护装置同时异常或故障时，将两套母联（分段）独立过电流保护装置改停用处理，其他设备的操作按现场运行规程处理。

## 6.6　继电保护与故障信息管理子站装置故障及异常处理

　　继电保护与故障信息管理子站装置故障及异常处理方法如下：

　　（1）对于双套配置的子站，单套发生故障，不影响信息上传，但应立即通知检修人员处理。

　　（2）继电保护工程师站故障，只影响就地监视，不影响主站监视，但应立即通知检修人员处理。

　　（3）子站设备运行灯灭，应检查装置电源是否良好，故障无法消除时应通知检修人员处理。

　　（4）子站设备对下通信中断，应检查通信接口连接是否良好，故障无法消除时应立即通知检修人员处理。

　　（5）子站设备对时异常，应检查对时系统是否正常，故障无法消除时应立即通知检修人员处理。

## 6.7　一体化监控系统

### 6.7.1　监控主机（服务器）装置故障及异常处理

　　监控主机（服务器）装置故障及异常处理方法如下：

　　（1）监控主机死机，按现场专用运行规程规定方法关机后重启。

（2）通信异常时检查网线是否松动。

（3）遥测信息异常时检查是否有置数现象。

（4）遥信信息异常时检查是否有置位现象。

（5）遥控异常时检查遥控软压板是否投入。

（6）监控主机断电后检查装置电源及空气开关。

（7）如有其他异常现象，联系运行维护单位处理。

### 6.7.2　测控装置故障及异常处理

测控装置故障及异常处理方法如下：

（1）测控装置运行灯熄灭时，需先退出遥控软压板，再重启测控装置。

（2）测控装置运行正常，而后台及调度端为死数据时，检查检修硬压板是否投入，测控装置通信是否正常。

（3）测控装置遥控异常时检查遥控软压板位置。

（4）测控装置通信异常时检查网线是否插好。

（5）测控装置交直流采样异常、信号状态异常、对时异常等通知运行维护单位检查回路或更换插件。

### 6.7.3　网络交换机装置故障及异常处理

网络交换机装置故障及异常处理方法如下：

（1）过程层交换机失电告警，与本过程层交换机相连的所有保护、测控、电度表、合并单元、智能终端等装置通信中断，通知检修人员处理。

（2）站控层交换机失电告警，与本站控层交换机连接的站控层功能丢失，通知检修人员处理。

（3）交换机端口通信中断，通知检修人员处理。

### 6.7.4　网络报文分析仪装置故障及异常处理

网络报文分析仪装置故障及异常处理方法如下：

（1）网络报文分析仪监控主机死机，通知检修人员处理。

（2）网络报文分析仪与设备连接中断，通知检修人员处理。

（3）网络报文记录装置运行灯、对时灯、硬盘灯异常，通知检修人员处理。

### 6.7.5　数据通信网关机装置故障及异常处理

数据通信网关机装置故障及异常处理方法如下：

（1）数据通信网关机电源状态指示灯、时钟同步指示灯、故障指示灯熄灭，通知检修人员处理。

（2）数据通信网关机与站端监控系统、主站通信中断，通知检修人员处理。

# 第7章

# 智能变电站典型故障举例

随着智能变电站的大规模推广，智能变电站继电保护（含安全自动装置）作为保障电力设备安全和变电站的安全运行，防止电力系统长时间大面积停电的最基本、最有效的技术手段，其重要性也日益凸显。同时，人们也对智能变电站继电保护和安全自动装置的性能提出了更高的要求。根据实际运行中产生的一些问题可以发现，智能变电站继电保护及自动装置缺陷消除不及时，容易发展为严重缺陷，设备长期带缺陷运行对系统安全稳定运行会产生严重威胁。通过加强对智能变电站继电保护和安全自动装置的设备管理工作提高消缺率，已经成为保障二次设备安全稳定运行的一种重要手段。

下面以一些智能变电站实际调试、检修及运行期间遇到的部分问题为例，说明智能变电站的各类缺陷的发现及处理方法。

## 7.1 电磁干扰类

【案例一】某 220kV 智能变电站 110kV 间隔送电时，隔离开关操作过程中，110kV 线路 1、线路 2 等线路保护装置出现电压数据异常情况，如表 7－1 所示。

表 7－1　　　　某 220kV 智能变电站 110kV 线路采样异常报文

| 历史报告（CPU1） |
| --- |
| 1012012/11/3016:34:40.311 装置告警采样异常 |
| 1022012/11/3016:34:40.311 装置告警采样异常 |
| 1032012/11/3016:34:40.311 装置告警采样异常 |
| 1042012/11/3016:34:40.311 装置告警采样异常 |

故障分析：（1）查找网络分析仪、故障录波器等设备同时刻的记录，发现在该时刻均有同样异常波形，可以排除保护装置本体故障引起装置告警。

（2）保护回路调试过程中，严格按照相关调试方案、现场调试作业指导卡执行，所有数据记录清楚，并无异常发现，排除合并单元配置错误引起。

（3）综合专家及厂家技术开发人员的意见，以上现象是由于合并单元装置安装于室外智能终端柜，受到了电磁干扰，影响了 FT3 电压数据的接收引起的。

组织对该型号的合并单元重新进行了电磁兼容试验，发现该装置在定型时采用的是合并单元智能终端合一装置进行的型式试验，试验结果能够达到 GB/T 14598 系列标准最高的 4 级标准。而该变电站采用的是单一合并单元装置，硬件配置不同，只能通过 GB/T 14598 系列标准的 3 级指标，未能达到 4 级标准。

故障处理：按照合并单元智能终端合一装置的配置形式重新配置合并单元，将 DO 板右移一个插槽，通过检测达到了 GB/T 14598 系列标准的 4 级指标，解决了电磁干扰的问题。

【案例二】某 220kV 变电站在送电期间，断路器、隔离开关操作过程中出现通信中断，初步分析原因可能是互感器采集环节抗电磁干扰能力不够，造成保护装置多次出现采样无效、闭锁保护。

故障分析：该变电站 220kV 电子式互感器采用的是与隔离开关组合安装的方式，当时对这种高电压等级的智能电气设备缺乏经验和数据积累，对干扰的定量分析不充分，没有相关的型式试验数据。220kV 断路器和隔离开关操作时产生的操作过电压和电磁干扰导致采集器模块工作异常。

故障处理：通过电磁抗扰度测试，将电压互感器、电流互感器与采集器、合并单元整体进行电磁兼容试验，重现现场故障状态，找出引起采集信号异常的原因，并进行整改，要求其抗干扰性能符合相关电磁兼容标准要求。在完成电磁抗扰度测试并合格的前提下进行模拟 110kV/220kV 隔离开关分合试验。

## 7.2  通信异常类

【案例一】某 220kV 智能变电站母联间隔第二套智能终端报通信中断，如表 7-2 所示。

表 7-2          某 220kV 智能变电站母联智能终端通信中断报文

| 时　间 | 报　文　内　容 |
|---|---|
| 2012-09-1620:39:10.151 | 220kV 母联 223 测控 GO2DI49 第二套智能终端主 GOOSE 插件与第二套主变压器保护 GoCBTrip 数据集通信_1 网中断 |
| 2012-09-1620:40:32.161 | 220kV 母联 223 测控 GO2DI49 第二套智能终端主 GOOSE 插件与第二套主变压器保护 GoCBTrip 数据集通信_1 网中断 |
| ⋮ | ⋮ |

续表

| 时　间 | 报　文　内　容 |
|---|---|
| 2012 - 09 - 1620:39:12.154 | 220kV 母联 223 测控 GO2DI49 第二套智能终端主 GOOSE 插件与第二套主变压器保护 GoCBTrip 数据集通信_1 网中断信号已复归 |
| 2012 - 09 - 1620:39:47.142 | 220kV 母联 223 测控 GO2DI49 第二套智能终端主 GOOSE 插件与第二套主变压器保护 GoCBTrip 数据集通信_1 网中断信号已复归 |
| ⋮ | ⋮ |
| 2012 - 09 - 1620:40:30.057 | 220kV 母联 223 测控 GO2DI49 第二套智能终端主 GOOSE 插件与第二套主变压器保护 GoCBTrip 数据集通信_1 网中断 |
| 2012 - 09 - 1620:40:59.935 | 220kV 母联 223 测控 GO2DI49 第二套智能终端主 GOOSE 插件与第二套主变压器保护 GoCBTrip 数据集通信_1 网中断 |

故障分析：根据报文内容，现场初步分析为智能终端 GOOSE 插件损坏造成的故障，于是更换 GOOSE 插件，更换后仍多次上报上述报文，故障未能消除。重新分析表 7 - 2 报文，发现两个特点：间歇性，且仅为该间隔组网通信中断。

测试交换机光口衰耗数据如下：220kV 母联第二套智能终端用光口为交换机 7 口。智能终端发送衰耗为 - 18dBm，交换机接收衰耗为 - 19dBm；交换机 7 口发送衰耗为 - 31.87dBm，交换机备用口 17 口发送衰耗 - 20.07dBm。查阅技术资料得知该套智能终端发送衰耗范围为 - 22～ - 12dBm，接收衰耗要求小于或等于 - 30dBm。因此，可以判断光口 7 衰耗过大，导致智能终端接收信号异常。

故障处理：更换 220kV GOOSE 变换机 220kV 母联智能终端接口至备用口 17口，通信恢复正常。

【案例二】某变电站 110kV 间隔安装调试送电期间，在拉合隔离开关、分断路器传动试验时，智能终端报 GOOSE 通信中断，如表 7 - 3 所示。

表 7 - 3　某变电站 110kV 母联智能终端操作期间 GOOSE 中断报文

| 时　间 | 报　文　内　容 |
|---|---|
| 2012 - 05 - 2805:31:28.273 | 2012 - 05 - 2805:31:28 - 0801 号主变压器中压测 112 测控过程 GoCB9A 网中断 |
| 2012 - 05 - 2805:31:28.474 | 2012 - 05 - 2805:31:28 - 210 110kV 母线测控过程 GoCB10A 网中断 |
| 2012 - 05 - 2805:31:28.382 | 2012 - 05 - 2805:31:31 - 062 110kV 母线测控（DI5）110kV 母联保护测控装置异常 |
| 2012 - 05 - 2805:31:31.381 | 2012 - 05 - 2805:31:31 - 065 110kV 母联 115 保测测控保护装置与智能终端主 GOOSE 插件 Pub_In 数据集_A 网中断 |
| 2012 - 05 - 2805:31:31.381 | 2012 - 05 - 2805:31:31 - 265 110kV 母联 115 保测 Ⅱ类告警总 |

故障现象：（1）2012 年 5 月，该站 110kV 间隔送电期间，合 110kV 母联间隔隔离开关时，装置报通信中断（报文见表 7-3），设备厂商技术人员解释该站内智能终端电源存在故障，更换了站内所有该型号装置电源插件。

（2）2012 年 10 月，在调试某 110kV 线路间隔期间，检修保护人员在分合断路器时，智能终端多次上报通信中断，且马上恢复，再次怀疑该装置电源插件存在故障，更换其他相同间隔电源插件，更换后装置试验时无该报警情况。

（3）2012 年 10 月，在 110kV 母差保护传动开关时，多次出现"110kV GOOSE 子交换机告警"报文，没有报上述其他告警中断报文，如表 7-4 所示。

表 7-4　　　　　　　某变电站 110kV GOOSE 交换机报警报文

| 时　间 | 报　文　内　容 |
| --- | --- |
| 2012-10-2516:48:53.997 | 2012-10-2516:48:53.599（DI26）110kV GOOSEA 网子交换机装置告警/直流消失 |
| 2012-10-2516:48:54.097 | 2012-10-2516:48:53.802（DI26）110kV GOOSEA 网子交换机装置告警/直流消失信号已复归 |

查看 110kV 第三台交换机内部日志，报文如表 7-5 所示。

表 7-5　　　　　　某变电站 110kV 第三台交换机内部日志报文

| 时　间 | 报　文　内　容 |
| --- | --- |
| 12/10/2516:48:53.599 | WARN50CPort6isdown（中断） |
| 12/10/2516:48:53.802 | WARN50CPort6wasdown（恢复） |

查交换机配置，110kV 第三台交换机配置 PORT6 口为该站 110kV 线路智能终端 GOOSE 口，查阅交换机历史掉线报文发现，其他 110kV 间隔也有类似中断情况。中断时间为 200ms 左右，保护无法报出此中断，但是已能闭锁保护。

故障处理：智能终端电源插件同开关机构的防跳继电器配合上存在缺陷，此型号继电器具有较大的反向电动势，这种反向电动势会对智能终端造成较大的干扰，导致在拉合隔离开关时，GOOSE 主插件电源供应不足，产生上述现象。通过更换该站内所有智能终端电源插件，同时在断路器机构防跳线圈上并联反向二极管，以减少断路器分合闸对智能终端电源的冲击，从而保证 GOOSE 通信正常。

【案例三】某 220kV 变电站第二套母差保护装置，在正常运行期间，后台报"公用测控装置：220kV GOOSE 交换机告警""220kVB 套母线保护装置失电告警"，伴随该装置 GOOSE 通信中断报文，并能在 1s 内恢复。

故障分析与处理：分析为该装置电源插件损坏，更换后即恢复正常。

【案例四】2013 年 5 月，某变电站一体化监控平台报某线路间隔"A 套保护启动""220kV 母线保护 A 套差动保护启动"，如表 7-6 和表 7-7 所示。

表 7-6　　　　　　　　一体化监控平台报文 1

| 时　间 | 报　文　内　容 |
|---|---|
| 2013-05-1600:39:33.722 | 2013-05-1600:39:33-419 220kV ××线 225 保护 A 套保护启动 |
| 2013-05-1600:39:34.426 | 2013-05-1600:39:33-412 220kV 母线保护 A 套差动保护启动 |
| 2013-05-1600:39:34.696 | 2013-05-1600:39:33-412 220kV 母线保护 A 套录波启动 |

表 7-7　　　　　　　　一体化监控平台报文 2

| 时　间 | 报　文　内　容 |
|---|---|
| 2013-05-1601:44:12.860 | 2013-05-1601:44:10-507 220kV ××线 225 测控 GO2DI14 第一套 MU 数据异常 |
| 2013-05-1601:44:12.859 | 2013-05-1601:44:10-590 220kV ××线 225 测控告警电铃位 |

经现场检查，该间隔第一套合并单元采集 1 指示灯熄灭，根据该合并单元配置，采集 1 指 A 相电流通道，可以排除是一次设备故障引起的故障，根据表 7-6 和表 7-7 及故障时刻第二套保护与对侧站内设备运行情况，初步判断为该间隔第一套合并单元 A 相电流采集回路异常。

故障分析：从 220kV 故障录波波形可以判断，A 相电流在异常时刻有突变，当时负荷二次值为 0.2A，波形突变最大值为 5A，有效值为 1.8A，此突变已达到 220kV 第一套母差保护动作定值。由于故障时刻母线电压正常，闭锁出口，故该母线上开关及 220kV 母联开关均不能出口，初步判断母差动作行为正确。

结合其他信息，初步判断为 225 开关合并单元或电子式互感器采集卡故障引起第一套采样故障，造成 220kV ××线开关保护及 220kV 第一套母差保护装置异常，故录装置启动。鉴于缺陷的严重性，申请停用相关保护。

查看网络分析仪告警信息，如表 7-8 和图 7-1 所示。

表 7-8　　　　　　　　网络分析仪告警报文

| 时　间 | 报　文　内　容 |
|---|---|
| 2013-05-1601:44:06068521 | 220kV ××线合并单元 A 套采样值质量变化：通道无效 |
| 2013-05-1601:44:06089521 | 220kV ××线合并单元 A 套采样值质量变化：通道恢复正常 |
| 2013-05-1601:44:12087021 | 220kV ××线合并单元 A 套采样值质量变化：通道无效 |
| 2013-05-1601:44:12865513 | 220kV ××线合并单元 A 套采样值质量变化：通道恢复正常 |

```
                  SequenceofData
[通道 1] 采样额定延迟时间：值 1500，标志位 00000000h
[通道 2] A 相保护电流 1：值 1061769，标志位 00000000h
[通道 3] A 相保护电流 2：值 1795253，标志位 00000000h
[通道 4] B 相保护电流 1：值 -74130，标志位 00000000h
[通道 5] B 相保护电流 2：值 -74685，标志位 00000000h
[通道 6] C 相保护电流 1：值 2012，标志位 00000000h
[通道 7] C 相保护电流 2：值 2056，标志位 00000000h
                     ...
```

图 7-1  网络分析仪报文

由表 7-8 可以看出，网络分析仪显示该间隔第一套合并单元报采样异常时刻为 2013 年 5 月 16 日 1 时 44 分，而且有反复。

从以上情况可以大概看出故障经过，维护人员认为此站电子式互感器存在以下重大安全隐患：

（1）电子式互感器采集卡损坏初始时间为 2013 年 5 月 16 日 00:39:34.426，但是网络分析仪历史告警及合并单元告警采样无效起始时刻为 2013 年 5 月 16 日 01:44:06。1 个多小时时间段内合并单元发送的 A 相采样数据品质均正常，不能闭锁保护。此时，如果没有电压闭锁，将造成母差保护 II 动作，切除 220kV II 母线上所有开关及母联开关。

（2）从 220kV 故障录波波形可以看出，A 相电子式互感器异常时，波形有突变情况，由于此时负荷电流仅有 0.17A，即使 A 相电流消失，也不足以达到母差保护动作定值，因此采样数据突变是造成母差动作的主要原因。

故障处理：鉴于以上分析，认为该站互感器存在重大安全隐患，运行期间若在主变压器三侧或其他重要供电间隔发生上述类似故障，存在 220kV 母差误动作或主变压器差动误动作造成全站失压的风险。故需合并单元厂家升级逻辑程序，解决类似故障时合并单元的处理机制，使其能闭锁保护。

【案例五】2012 年 8 月，某 220kV 智能变电站 220kV 线路运行期间，第二套微机线路保护装置频繁告警，保护装置告警指示灯点亮，一体化监控平台上传报文如表 7-9 所示。

表 7-9                    一体化监控平台上传报文

| 时　间 | 报　文　内　容 |
| --- | --- |
| 2012-08-0400:34:19.992 | 220kV ××线测控终端 B 与线路保护 B_GS 断信号状态：动作 |
| 2012-08-0400:34:19.649 | 220kV ××线测控终端 B 与线路保护 B_GS 断 SOE 状态：动作 |

| 时　　间 | 报 文 内 容 |
|---|---|
| 2012 – 08 – 0400:34:14.324 | 220kV ××线第二套保护预告总信号状态：动作 |
| 2012 – 08 – 0400:34:14.324 | 220kV ××线第二套保护线路保护 GS 通道异常信号状态：动作 |

故障分析与处理：通过分析报文发现，仅仅为保护装置至智能终端 GS 链路中断，首先怀疑光纤链路问题，检查发现光纤衰耗测试正常，再检测智能终端发送报文，发现检测不到报文，说明智能终端光口损坏，更换智能终端光口后，恢复正常。

【案例六】2012 年 12 月，对某 220kV 智能变电站 10kV 分段开关不能遥控操作进行处理，在 10kV 分段开关保护装置没有告警指示灯点亮的情况下，发现后台机 10kV 分段开关间隔"装置告警"光字牌常亮，经查找此信号由 10kV 分段开关测控保护装置发出，调阅保测装置告警信息，如图 7–2 所示。

```
（03c0）2012/12/2814:40:58.556
装置异常 GOOSE 的 C 网接收中断
00000000msGOOSE 的 C 网接收中断
智能操作箱订阅 GOOSE（PT2201API/LLN0$GO$gocb1）通信中断

（03c1）2012/12/2814:40:58.556
装置异常 GOOSE 的 D 网接收中断
00000000msGOOSE 的 D 网接收中断
智能操作箱订阅 GOOSE（PT2201BPI/LLN0$GO$gocb1）通信中断

（03c2）2012/12/2814:40:58.556
装置异常 GOOSE 的 E 网接收中断
00000000msGOOSE 的 E 网接收中断
智能操作箱订阅 GOOSE（PT2202API/LLN0$GO$gocb1）通信中断

（03c3）2012/12/2814:40:58.556
装置异常 GOOSE 的 F 网接收中断
00000000msGOOSE 的 F 网接收中断
智能操作箱订阅 GOOSE（PT2202BPI/LLN0$GO$gocb1）通信中断
```

图 7–2　110kV 分段装置告警报文

图 7–2 所示报文中 PT2201A（B）、2202A（B）含义如下：PT2201A（B）指 1 号主变压器保护低压侧第一（二）套保护与 10kV 分段开关操作箱 GOOSE 通信联系；PT2202A（B）指 2 号主变压器保护低压侧第一（二）套保护与 10kV 分段开关操作箱 GOOSE 通信联系。

智能操作箱订阅 GOOSE 通信中断含义如下：1 号主变压器、2 号主变压器在故障时不能跳开 10kV 分段开关。

故障分析与处理：先对 GOOSE 链路的物理连接进行导通试验，检查未发现链路中断的情况，排除了 GOOSE 链路物理连接中断的可能性。其次在保护回路调试过程中，严格按照调试方案、现场调试作业指导卡执行，所有数据记录清楚，并无异常发现，同时，保测装置及后台机均发出报文，可排除装置误报的可能性。模拟 1、2 号主变压器低压侧故障，10kV 分段开关未动作跳闸；根据以往经验判断，装置 CPU 插件硬件损坏的可能性最大。在更换 10kV 分段开关保测装置 CPU 插件后，对 1、2 号主变压器保护的两套保护装置进行模拟试验，均能正确动作于 10kV 分段开关跳闸。

【案例七】110kV ×× 智能变电站通信网络阻塞故障。

110kV ×× 智能变电站二次网络调试期间发生的一起网络阻塞故障。2010 年 12 月 18 日 23:00 左右，×× 变电站现场调试人员发现后台监控与间隔层设备的通信突然中断且不能自行恢复，进一步检查发现，间隔层和过程层各智能组件的通信口均不响应，站内网络报文记录分析装置显示网络流量接近 90%，整站网络通信呈瘫痪状态。调试人员及厂家技术人员进行紧急分析处理，断开环网并重新启动交换机，23:05，网络流量正常，各装置通信恢复正常，故障解除。

事故原因分析：分析整个异常过程可以确定，此次网络异常是外部计算机接入网络，并产生 SSDP 攻击引起的，原因如下：

（1）在异常出现之前，网络中未出现过 SSDP 报文。SSDP 作为简单服务发现协议，本身存在漏洞而易成为网络攻击手段，通常被屏蔽，不是内网应有的报文。

（2）在异常出现前，网络中从未存在过发出 SSDP 报文的该节点（MAC 和 IP），只能是外网设备接入。

此次异常中 SSDP 报文的发送频率高（30μs/次），完全不同于常规的报文信息发送，因此可以进一步认定为恶意攻击报文，很可能该节点遭受了病毒感染，而对其接入的任何网络进行攻击。经调查，确认该节点设备为网络交换机厂家技术人员的调试笔记本电脑，并了解到其操作系统中过蠕虫病毒。

暴露问题：虽然此次网络阻塞是外部有害节点接入引起的，但此次网络异常故障也暴露出站内二次网络相对薄弱、智能组件缺乏应对网络攻击的安全防范措施、外网设备接入需要规范等问题。

【案例八】220kV ×× 智能变电站通信故障。

福建某 220kV 变电站变压器，在主变压器检修时，拔去光纤时，将母联交换机与中心交换机之间的光纤拔去，这样做虽然不影响母联间隔的正常运行，但是因为故障录波和网络分析装置需要在中心交换机上取数据，如果将此光纤拔去，会导致故障录波和网络分析装置无法采集到母联间隔的相关 SV 和 GOOSE 信号

（若在主变压器检修过程中，母联间隔数据有异常或发生故障，则无法在网络分析装置上调取有效的数据辅助分析）。

事故原因分析：现场保护装置一般采用直采直跳方式，但是对于主变压器保护对母联开关跳闸（如 220kV 站的主变压器保护对 110kV 母联开关跳闸），一般设计采用网跳方式，如图 7-3 所示。

如果在进行主变压器检修时，110kV部分需要保持正常运行状态，则需要注意将主变压器保护跳 110kV 母联开关的

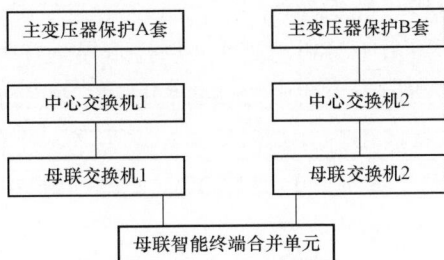

图 7-3　网跳方式

跳闸出口软压板退出；如果需要形成明显的"回路断开点"，则操作人员会将主变压器跳母联的光纤拔出，同时需要注意拔出的光纤。

建议：在智能站运维过程中，在拔去光纤时需要考虑拔去的光纤对整个系统的影响。同时，一般情况下，频繁的拔插光纤会对光纤造成一定损坏（如光头污染或光纤损伤），会导致光损耗变大。因此，在主变压器检修时，需要确定相关的跳闸出口软压板已经退出，并且相关的检修硬压板和智能终端跳闸出口硬压板已经投上。

## 7.3　越限异常报文

【案例一】某 220kV 变电站 1 号主变压器低压侧电子式互感器上报越限值，一体化监控平台报文如表 7-10 所示。

表 7-10　　　　　　　　　　　　一体化监控平台报文 1

| 时　　间 | 报　文　内　容 |
| --- | --- |
| 2012-09-1416:11:15.419 | 1 号主变压器低压侧应 501 测控 11a（1 号主变压器 10kV 侧）遥测越变化率上限，越限值=2 529 455 566 |
| 2012-09-1416:14:14.564 | 1 号主变压器低压侧应 501 测控 11a（1 号主变压器 10kV 侧）遥测越变化率下限，越限值=2 290 704 346 |
| 2012-09-1416:14:34.627 | 1 号主变压器低压侧应 501 测控 11a（1 号主变压器 10kV 侧）遥测越变化率下限，越限值=2 604 528 809 |

故障现象：某 220kV 变电站全站停运期间，站控后台 10 天内 5 次上报遥测越限。

查看网络分析仪内同时段合并单元报文，也存在该异常数据。查看该电流品质位，发现品质位均正常，若该缺陷发生于运行工况，则不会闭锁保护，保护装置极可能误动作。

故障分析与处理：场检查发现 1 号主变压器低压侧 501 断路器柜电子式互感器绕组至采集卡接线螺钉松动，紧固后恢复正常。分析原因是螺钉松动导致采集卡接收不到互感器信号，产生了一个偏置电压，导致出现异常电流。

【案例二】某 220kV 变电站母差保护故障，一体化监控平台报文如表 7－11 所示。

表 7－11                         一体化监控平台报文 2

| 时 间 | 报 文 内 容 |
| --- | --- |
| 2012－08－3003:35:19.336 | 220kV 母线保护 B 套Ⅱ母电压 B 相Ⅱ母电压遥测越合法值上限，越限值＝733 227 776.000 000 |
| 2012－08－3103:55:07.322 | 220kV 母线保护 B 套第 03 包通信中断 |
| 2012－08－3103:55:40.423 | 220kV 母线保护 B 套第 03 包通信中断信号已复归 |
| 2012－09－0406:54:40.545 | 220kV 母线保护 B 套大差电流 B 相差电流遥测越合法值上限，越限值＝1 177 167 360.000 000 |

故障现象：某 220kV 变电站全站停运期间，站控后台多次上报该类报文。

故障分析：该缺陷第一眼看上去感觉与本节案例一为同一类缺陷，而且数值更大，情况更加严重，但仔细看会发现，该异常报文实际是 220kV 母线保护 B 套发出，与合并单元无关，且查找同时段网络分析仪录波报文，并未发现上述异常值，故依据此可以判定为 220kV 母差保护 B 套装置故障。

故障处理：通过测试，证实为该装置遥信报文程序存在漏洞，研发人员现场更改测试该程序后，上述异常报文消失。

## 7.4 对时系统故障

【案例一】由于合并单元未对时引起装置波形 2～10ms 间断。

故障观象：2011 年 12 月某 220kV 变电站 1 号主变压器智能化改造完工，低压侧送电成功。运行方式：1 号主变压器中压侧供 1 号主变压器，带低压侧双绕组运行，1 号主变压器带负荷后，保护装置校验均显示正常，但故障录波器上不断有启动报文，启动原因：1 号主变压器低压侧采样启动，启动波形显示在启动瞬间有 2～10ms 波形突变。

1 号主变压器低压侧采样回路具体情况如下: 低压侧分 A 网及 B 网两套合并单元, 两套合并单元的数据分别点对点传输至主变压器保护 A、B 屏与故障录波器, 通过 SV 组网传输至网络分析仪及 1 号主变压器低压侧测控装置。

故障分析:

故障原因假设 1: 故障录波装置软件设置问题。同时段其他所有合并单元波形均正常, 先排除此原因。

故障原因假设 2: 1 号主变压器低压侧两套合并单元采样回路故障。若 1 号主变压器低压侧两套合并单元均故障, 则整个采样回路均应有启动或告警报文, 而检查 1 号主变压器保护装置 A、B 屏无任何异常或启动报文; 检查 1 号主变压器低压侧测控装置也无任何异常或启动报文。

在排除了上述两种假设后, 通过网络分析仪检查故障录波装置启动报文同一时间点记录的采样波形, 显示波形无异常。

进一步分析网络分析仪原始报文发现: SCD 文件中该装置名称为"IT101B", 该装置的描述为"主变压器低压侧 32 断路器 B 套合并单元"。故障录波波形图显示 2011 - 12 - 814:37:89 有 AppID 为 0x4022 的合并单元 (即主变压器低压侧 32 断路器 B 套合并单元) 发送的 SV 报文的 Sync 位置为"0", 发布"丢失同步信号"的告警。通过以上分析, 故录装置异常录波主要原因是 32 低压侧合并单元 GPS 未对时引起的, 并怀疑网络分析仪中异常报文也是主变压器低压侧 GPS 未对时引起的。

但是, 保护装置及网络分析仪为什么不受对时的影响呢? 原因如下: 合并单元采样频率为 4000Hz, 即一个周波含 4000/50=80 个点, 1s 为 4000 个点, 一个点 250μs, 1 号主变压器中压侧合并单元延时固定为 1550μs, 相当于减去保护装置接收延时 50μs 后 6 个点, 低压侧合并单元延时固定为 1300μs, 相当于减去保护装置接收延时 50μs 后 5 个点, 保护装置同时接收到中低压侧的合并单元采样, 接收到采样后, 根据报文中的延时信息 (即中压侧 1550μs, 低压侧 1300μs) 自动前推中压侧采样 6 个点、低压侧采样 5 个点, 这样就确保了采样的实时性和连续性, 因此即使合并单元没有 GPS 对时, 也不影响保护装置的正常采样和运行。而故障录波装置的波形绘图机制是建立在合并单元计数器基础上的, 即同一时刻计数器开始计数, 若在整点时则对所有合并单元自检, 采样从 0~3999 点依次循环, 若整点对时时发现不在 0 点, 则将报文强行拉至 0 点, 因此就出现了故障录波波形中的缺口。

故障处理: 根据以上分析, 尽管该故障不影响保护装置的正常运行, 但是故障录波长期启动这一不安全因素, 可能诱发其他更严重故障, 因此应对该故障进行处理。2011 年 12 月，分别停用 1 号主变压器 I 套及 II 套保护，对低压侧 A 套及 B 套合并单元同步信号进行检查，经检查发现 GPS 对时信号均已接入低压侧合并单元，但是存在配置错误，在更新合并单元配置文件后，装置同步对时成功，未再发现该异常启动波形。

【案例二】对时异常导致采样无效。

故障现象：某智能变电站在运行中全站合并单元多次报"同步异常"信号，并伴随有保护装置报"保护采样无效启动录波"，保护闭锁现象。网络报文分析仪记录了全站合并单元失步、同步报警报文。合并单元在同步恢复时，所发数据帧出现重发、倒序现象。保护典型动作报文如表 7 - 12 所示。

表 7 - 12                                保 护 典 型 动 作 报 文

| 时　　间 | 报 文 内 容 |
|---|---|
| 2013 - 02 - 2205:12:08.996810 | 1 号主变压器高压侧合并单元 A 套采样值同步状态变化：失步 |
| 2013 - 02 - 2205:12:11.000251 | 1 号主变压器高压侧合并单元 A 套采样计数倒序，当前值 10，期望值 12 |
| 2013 - 02 - 2205:12:11.000502 | 1 号主变压器高压侧合并单元 A 套采样计数丢点，当前值 12，期望值 11 |
| 2013 - 02 - 2205:12:11.001002 | 1 号主变压器高压侧合并单元 A 套采样计数丢点，当前值 3998，期望值 14 |
| 2013 - 02 - 2205:12:08.500510 | 1 号主变压器高压侧合并单元 A 套采样值同步状态变化：同步 |

保护装置报"保护采样无效录波""启动采样无效录波"，典型动作报文如图 7-4 所示。

```
动作报文 NO.1485
2013 - 02 - 2205:12:10:003
0000ms 保护采样无效录波
0000ms 启动采样无效录波
```

图 7-4　典型动作报文

故障分析：（1）查阅一体化平台报警记录、网络报文分析仪，发现全站合并单元多次在同一时刻发生失步、同步现象，初步怀疑对时系统故障导致合并单元对时异常。初步判断可能有以下两点原因：

1）当 GPS 时钟失步，GPS 时钟切换为北斗时钟时，输出光 IRIG - B 码的时间抖动超过 10μs，引起合并单元同步异常。

2）扩展时钟输入源为 GPS 时钟和北斗时钟的光 IRIG - B 码，以 GPS 时钟输入的 IRIG - B1 码为主，北斗时钟输入的 IRIG - B2 码为辅，当 GPS 时钟失步切换为北斗时钟时，扩展时钟时钟源切换为北斗时钟输入的 IRIG - B2 码为主，CPU 判断 IRIG - B1 码源切换为 IRIG - B2 码源输出时间抖动超过 10μs，导致合并单元同步异常。

（2）该智能变电站对时系统为秒脉冲对时，其对时信号上升沿在整秒出现，合并单元失步时刻网络分析仪报文如图 7-5 所示。

| |
|---|
| 2013-02-2205:12:09.999812170 |
| 2013-02-2205:12:10.000001171 |
| 2013-02-2205:12:10.000251170 采样计数倒序，当前值为 170，应为 172 |
| 2013-02-2205:12:10.000501172 采样计数丢点，当前值为 172，应为 171 |
| 2013-02-2205:12:10.000752173 |
| 2013-02-2205:12:10.0010023998 采样计数丢点，当前值为 3998，应为 174 |

图 7-5　合并单元失步时刻网络分析仪报文

由图 7-5 可知：① 合并单元在对时恢复前的最后一帧报文采样计数器为 170；② 合并单元在对时信号恢复后的第一个对时上升沿，发出一帧报文，采样计数器为 171，250μs 后发送一帧报文，采样计数器为 170，并且该帧报文与对时信号恢复前的最后一帧报文数据内容一样，属于重发帧，接着重复帧 170，合并单元按 250μs 间隔发送 172、173 两帧后，采样计数器跳变到 3998。

因此，可以判断，合并单元在运行中发生了失步现象，并且在再次同步时所发数据帧出现重发、倒序、跳变现象。

（3）该保护装置 SMV 的丢帧判据为采样计数器不连续，例如，此帧收到序号为 171，后续没有收到序号为 172 的数据帧，则判断为丢帧。

该变电站保护装置无效录波的原因是保护装置检测到合并单元发送的采样数据异常，异常类型为采样数据丢帧，装置在判断丢帧后将闭锁保护 50ms，保护判断正确。

结合以上分析，可判断该智能变电站异常报警现象的根本原因是由于对时系统故障导致合并单元失步后再同步，导致保护闭锁的直接原因是合并单元在失步再同步时所发数据帧出现重发、倒序、跳变等异常情况。

为验证上述判断，利用停电机会，拔除合并单元对时光纤，待合并单元对时异常灯亮起后恢复合并单元对时光纤，保护出现闭锁动作报文，异常报警现象得到重现。

故障处理：上述异常是由于对时系统在运行中出现异常引起，主要原因是合并单元在失步再同步时发送数据帧处理错误，保护行为正确。

处理步骤：（1）更换对时装置相关模块，然后测试对时系统时钟精度及切换精度。

（2）修改合并单元在失步再同步时数据帧的处理逻辑，升级合并单元程序。最终故障得以解决。

## 7.5 装置本身缺陷产生的各类故障

【案例一】110kV 母差保护装置电压采样正常，但是做复压动作试验时报文不正常。具体报文如图 7-6 所示。

```
电压通道 1UA=51V，UB=58V，UC=58V，3U0=6V，U2=2V
电压通道 2UA=58V，UB=58V，UC=6V，3U0=2V，U2=58V
```

图 7-6  具体报文

双通道报文不一致，为装置程序漏洞，厂家技术人员更新装置程序时，发现装置程序无法下装，直接更换装置 CPU 板，方解决问题。

【案例二】主变压器保护装置，主变压器低压侧零序电压告警信号不能发出，检查发现该主变压器保护版本过低，升级版本。

【案例三】故障录波启动报文存在乱码，厂家解释为字符冲突，将间隔名称里面的"线"字删除后恢复正常。

【案例四】110kV 母线合并单元，合并单元的 TV 并列后不能发出"TV 并列"信号，更新装置逻辑程序后，合并单元死机，装置进入死循环，出现"软复位"报文，更换整个合并单元后恢复正常运行。

【案例五】主变压器送电后监控后台遥测值不能实时刷新（之前遥测对点正确），检查发现主变压器三侧测控装置均采用双 CPU，接收两套合并单元采样，后台为合成后的采样值，测控装置程序版本与此配置方式不对应，升级测控装置程序后监控后台遥测值能实时刷新。

【案例六】间隔信号试验时，网络分析仪不能实时刷新报文，更新网络分析仪分析装置软件版本后，网络分析仪运行速度缓慢、软件常死机，升级网络分析仪监听仪程序后问题解决。

【案例七】某故障录波装置在运行时，多次出现故障录波采集装置与后台通信中断，厂家人员历时半年优化录波单元程序后，该故障消除。

【案例八】某 220kV 等级第二套母差保护装置在运行期间报"CRC 校验错""定值校验错"等报文，且不能复归。厂家更换装置总线板后装置报内部通信中断，再次更换后，装置恢复正常，但几天后再次报出上述异常报文，第三次更换总线板、CPU 板，研发人员现场测试并升级程序，异常报文消失。

【案例九】某 220kV 第二套母差保护装置在作功能试验时，投入 220kV 母差失灵保护检修状态压板、线路保护检修状态压板、合并单元检修状态压板时，失灵保护不能正常动作。厂家修改该部分逻辑，修改后动作正常。

【案例十】某 220kV 变电站 110kV 进线备用电源自投装置，正常逻辑应该为主变压器中压侧电压、电流消失，启动备用电源自投功能，但是在退出主变压器中压侧 MU 压板时，备用电源自投动作，跳主变压器中压侧与进线，逻辑存在问题，在升级程序后问题得到解决。

【案例十一】某 220kV 间隔第二套合并单元投入检修装置压板，合并单元无任何报文，检修灯 I/O 板，各配合保护装置也无采样异常报警，合并单元检修状态功能未开入，装置 I/O 板开入电位正常，厂家依次更换开入 I/O 板、面板、CPU 板，并升级程序后装置正常。

【案例十二】500kV ××智能变电站线路保护和母线保护误动。500kV ×× 为 2014 年 6 月 2 日投运的智能化变电站。500kV 设备为 HGIS 设备，保护采样采用常规电流、电压互感器加合并单元模式。2015 年 3 月 23 日 14 时 20 分，500kV ××智能变电站 500kV Ⅰ母线第二套母线保护和 500kV 夏信线第二套保护误动，导致 500kV Ⅰ母线和××线跳闸，对电网的安全运行造成不利影响。跳闸前×× 智能变电站 500kV 运行方式为正常运行方式，如图 7-7 所示。

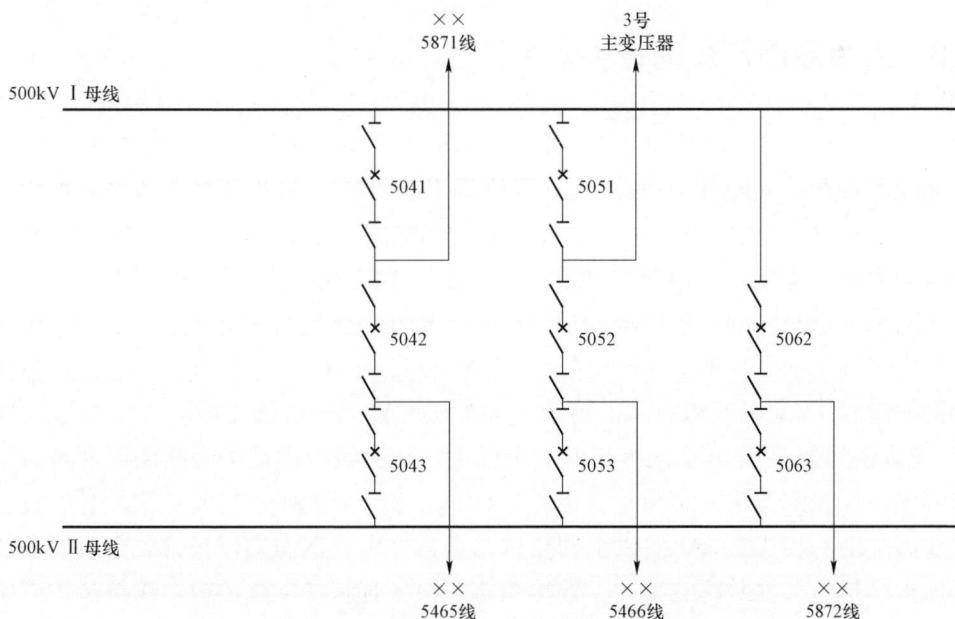

图 7-7　××智能变电站 500kV 线路跳闸前正常运行方式

故障原因分析：500kV ××智能变在事件发生时无操作、无检修、无区内外故障，保护动作是无故障误跳闸。经排查分析，此次故障的原因是合并单元异常。500kV ××智能变电站继电保护采用"常规互感器+合并单元"采样模式，所采用的模拟量输入式合并单元因 A 相小 TA 二次侧管脚间歇性接触不良导致双 AD 采样数据异常，母线保护和线路保护感受到差电流，进而引起保护误动作。

暴露问题：

（1）设备制造单位产品质量控制管理存在漏洞。合并单元在生产过程中质量控制不良、厂内检测把关不严。合并单元采样回路设计不完善，当发生装置小TA 二次回路断线时，仍有异常数据输出，且未告警，导致继电保护不正确动作。

（2）现场装置与通过公司专业检测装置不一致。××公司提供给现场的装置使用了通过公司专业检测的型号，但装置硬件存在明显差异，给电网运行带来严重安全隐患。

（3）目前"常规互感器+MU"的设计方式对保护可靠性造成有一定影响。当合并单元内部元件发生单一故障时可能造成多套保护设备误动，不符合《继电保护和安全自动装置技术规程》（GB/T 14285）"除出口继电器外，装置内任一元件损坏时，装置不能误动跳闸"的规定，不满足继电保护可靠性要求。

## 7.6　人为原因产生的各类故障

【案例一】某 220kV 变电站 110kV 间隔合并单元配置文件误配置为 110kV 其他间隔合并单元配置文件。

故障现象：110kV 各间隔用电压均为母线电压，试验时加入母线电压，110kV 所有间隔均应有电压，但在网络分析仪上显示 14 间隔电压波形有杂波。

故障分析与处理：经检查发现，厂家人员在下装合并单元配置时，将 20 间隔配置文件下到 14 间隔，导致有两个配置相同 MAC 地址的合并单元，产生了冲突，造成 14 间隔波形异常，更改合并单元配置文件后恢复正常。

【案例二】某 220kV 间隔启动失灵回路，按照设计虚端子回路图，××线第一套线路保护配置了三相启动失灵（串 GO 软压板）分别至 220kV 第一套失灵保护线路 1 的三相失灵开入，以上回路试验正常，失灵保护动作正常。在第一套线路保护模拟永久性故障三跳时，保护装置未投入任何 GO 软压板，线路保护正常动作，但是失灵保护收到变位，线路 1 失灵 ST 由 0 变 1，询问工程安装人员及查 SCD 配置发现，220kV 第一套线路保护多配置了一个保护三跳至 220kV

第一套失灵保护线路 1 失灵开入 ST，改变了原设计，与图纸不符。由于该增加回路没有 GO 软压板，导致线路保护此处无把关压板，容易误启动失灵，形成隐患。

故障处理：220kV 线路为分相机构，可以不考虑三相启动失灵，故删除该增加虚回路。分相启动失灵回路功能试验正常。

【案例三】某 220kV 智能站定期检验时，在进行 220kV 第二套母线合并单元相关回路采样试验过程中，220kV 母线装置、220kV 故障录波装置、网络分析仪均无采样值。

故障分析与处理：测试发现合并单元内部通信中断，但此时合并单元无任何报警信号发出。查找中断原因最终确定为背板插件固定螺钉松动，紧固螺钉后恢复。产生原因可能是产品运输过程中振动导致螺钉松动，发现该问题后，试验人员对部分装置螺钉进行了检查，发现插件固定螺钉均未紧固，因此全站整组联调试验前应先紧固所有间隔螺钉，送电前更应检查所有插件端子螺钉是否已紧固。

【案例四】站内所有 GOOSE 及 SV 通信告警系统。

故障现象：某 220kV 智能变电站定期检验期间，在作插拔光纤试验时，站内后台机光字牌无法正常显示对应的告警报文，母联、线路间隔 70 余光字牌，母差间隔 90 余光字牌仅有 10 余个能正常显示，其余信号无光字牌或有光字牌但不能正常点亮。

故障处理：组织专人专班根据需要增加和修改百余个光字牌，删除两百余个光字牌，确保能上报正确、易懂的报文。

【案例五】330kV ×× 变电站全停事件。

故障现象：2014 年 10 月 19 日 330kV ×× 变电站 330kV ×× 一线发生异物短路 A 相接地故障，×× 一线两套保护闭锁，引起故障扩大，造成 ×× 变电站全停。

事故原因分析：经现场勘查和对保护动作记录等相关资料的分析，本次停电事件原因如下：

事件直接原因：330kV ×× 一线 11 号塔 A 相异物短路接地。

事件扩大原因：×× 变电站 3320 合并单元装置检修压板投入，未将 ×× 一线两套保护装置中开关 SV 接收软压板退出，造成 ×× 一线两套装置保护闭锁，造成故障扩大。

暴露问题：

（1）智能站二次系统技术管理薄弱。运维单位对智能变电站设备特别是二次系统技术、运行管理重视不够，对智能站二次设备装置、原理、故障处置没有开展有效的技术培训，没有制定针对性的调试大纲和符合现场实际的典型安全措施，现场运行规程编制不完善，关键内容没有明确说明，现场检修、运维人员对智能变电站相关技术掌握不足，保护逻辑不清楚，对保护装置异常告警信息分析不到位，没能作出正确的判断。

（2）改造施工方案编制审核不严格。330kV ××智能化改造工程施工方案没有开展深入的危险点分析，对保护装置可能存在的误动、拒动情况没有制定针对性措施，安全措施不完善。管理人员对施工方案审查不到位，工程组织、审核、批准存在流于形式、审核把关不严等问题。

（3）保护装置说明书及告警信息不准确。线路保护装置说明书、装置告警说明不全面、不准确、不统一，未点明重要告警信息（应点明"保护已闭锁"，现场告警信息为"SV 检修投入报警""中 TA 检修不一致"），技术交底不充分，容易造成现场故障分析判断和处置失误。

【案例六】220kV ××智能变电站 2 号主变压器跳闸故障。

故障现象：220kV ××智能变电站于 2013 年 7 月建成并投运，该变电站为两台主变压器运行。2015 年 4 月 12 日 11 点 19 分，220kV ××智能变电站 2 号主变压器差动保护动作，跳开主变压器 2702、802、3602 开关。跳闸时，××智能变电站 110kV Ⅱ段母线所送 892 线所带的 110kV 变电站备自投成功，894、896 线充电运行，110kV 没有损失负荷，35kV ××线损失负荷约 3MW。

事故原因分析：通过调阅保护装置 SOE 变位信息，发现 2 号主变压器差动保护动作时，两套保护装置低 1 分支电流 SV 软压板、低 1 分支电压 SV 软压板在退出位置（低 1 分支以 3602 间隔，低 2 分支不用），造成低压侧采样数据异常。

故 220kV ××智能变电站 2 号主变压器差动保护动作的直接原因如下：由于 2 号主变压器两套保护装置的低 1 分支电流 SV 软压板在故障时刻未投入，低压侧外部故障时，低压侧电流未能正常采集，产生差流，导致 2 号主变压器差动保护没能躲过低压侧区外故障。

暴露问题：

（1）××公司对智能变电站二次设备隐患排查不仔细，设备巡检不到位，致使隐患设备在未能有效监督管理的情况下继续在网运行。

（2）运维人员对智能变电站相关技术掌握不足，保护逻辑不清楚，在进行一次设备操作后，没有对相应的保护设备相关运行信息、后台系统的软压板状态进行核对；对继电保护设备的日常巡视和专业巡视不认真、流于形式，没有严格按照省调要求对主变压器保护的交流采样值、差流、定值进行检查，未发现保护装置的定值错误、电流、电压数据异常。

（3）智能变电站二次设备管理薄弱。运维检修部、调控中心对智能变电站二次设备特别是保护设备的专业管理、运行管理存在薄弱环节，没有细化生产管理要求和继电保护专业技术标准，督导力度不够。综合室、变电运维检修室对智能变电站二次设备装置、原理没有开展有效的技术培训，对运维人员的专业工作质量重视不够，设备安全管理把关不严。

（4）后台厂家未将主变压器保护"纵联差动差流启动动作"作为重要告警信息上传至调度后台，造成监控人员不能及时掌握现场保护装置实时信息，无法对保护装置异常告警信息进行分析。

【案例七】220kV ××智能变电站主变压器保护异常。

故障现象：2013 年 12 月中旬，某 220kV 工程，主变压器保护异常指示灯常亮，运行异常指示灯常亮，需要退出保护。操作员在操作时，先将保护功能压板，如差动保护软压板退出，然后退出 GOOSE 出口软压板，最后退出 SV 接收软压板；再将装置重启，这时，保护装置恢复正常。操作员又打算将保护恢复运行。在恢复操作的时候，先投入了保护功能压板，其次投入了 GOOSE 跳闸出口软压板。最后在投入主变压器高压侧的 SV 接收软压板的时候，主变压器保护产生差流，继而主变压器差动保护动作，将主变压器高低侧开关跳开。幸好主变压器低压侧两条母线并列运行，且站内负荷较小，另一台主变压器可带全站负荷运行，没有造成负荷损失。

事故原因分析：本次事故是因为压板的投退顺序引起的。操作员在退出保护的操作步骤，是没有问题的，但是在恢复运行的操作中，理应先投入 SV 接收软压板，查看装置的采样情况，是否存在差流。然后投入功能压板，查看装置运行是否正常。此时即使发生保护动作行为，也不会跳闸，因为 GOOSE 出口软压板还没有投入。最后投入 GOOSE 出口软压板。由此可见，GOOSE 出口软压板一定要放到最后投入，这样即使前面压板投退错误导致跳闸，如果 GOOSE 出口软压板没有投入，保护的跳闸报文也不会发出。这样是安全的。

建议：保护装置检修步骤：

（1）投入保护装置检修硬压板。

（2）拔掉保护装置 GOOSE 出口光纤。

（3）退出保护装置 GOOSE 出口软压板。

（4）退出保护装置功能软压板。

（5）退出保护装置 SV 接收软压板（根据地区需求，若不需要，可不执行此步骤）。

（6）以上步骤执行完毕后即可对保护装置进行检修操作。

（7）保护装置检修完毕后，接好 GOOSE 出口光纤。

（8）投入 SV 接收软压板，查看保护装置交流采样，确保保护装置各个电流通道采样正常、无差流。

（9）投入保护功能软压板。

（10）投入 GOOSE 出口软压板。

（11）退出保护装置检修硬压板。

## 7.7　由于设计图纸与现场设备不一致引起的问题

【案例一】集成商原理图管理混乱。

故障现象：间隔五防逻辑均满足的情况下，远方遥控某智能变电站某间隔隔离开关，该间隔智能终端在联锁状态，遥控不成功，解锁状态遥控成功。

故障分析：经检查，遥控回路及联锁回路接线正确，但是智能终端隔离开关遥控联锁触点动作开出为"DO1"，接线在 5×11-12，模拟 DO1 动作时，5×11-12 不能导通，5×1-2 导通。可见厂家配线错误，设计院原理图纸与装置实际原理图不符，设计院图纸与装置实际配线不一致。

故障处理：更改配线后遥控正常。

【案例二】某 220kV 智能变电站站内运行人员倒站用变压器时，短暂失去交流电源的瞬间，所有保护装置报采样中断。

故障分析：该缺陷是由于原电子式互感器采集卡电源取用交流电源，若站内倒电源，会导致采集卡电源消失，造成采样中断。

故障处理：更改该部分设计，将交流电源改为直流电源。

【案例三】某 220kV 智能变电站 220kV 母联启动失灵回路。

保护人员协同厂家技术人员对 220kV 母联保护启动失灵回路进行测试，测试情况如下。

（1）220kV 母联保护 I 屏虚端子如表 7-13 所示。

表 7-13　　　　　　　　　　220kV 母联保护 I 屏虚端子

| 序号 | 数据引用 | 数据描述 | 设计描述 | 接受对象 |
| --- | --- | --- | --- | --- |
| 2 | PI/PTRC2.Tr.general | 充电过电流跳闸 2 | 220kV 母联 I 启动失灵 | 220kV 母线保护 I |

（2）220kV 母差保护 I 屏虚端子如表 7-14 所示。

表 7 – 14　　　　　　　　　　220kV 母差保护 I 屏虚端子

| 序号 | 数据引用 | 数据描述 | 设计描述 | 发送对象 |
|---|---|---|---|---|
| 3 | PI/GOINGGI07.SPCS1.STVAL | 母联失灵启动 | 220kV 母联 I 启动失灵 | 220 母联保护 I |

（3）220kV 母差保护 I 屏装置开入如表 7 – 15 所示。

表 7 – 15　　　　　　　　　220kV 母差保护 I 屏装置开入

| 序号 | 开入名称 | 序号 | 开入名称 |
|---|---|---|---|
| 1 | 母联失灵启动 | 4 | 母联失灵启动 TC |
| 2 | 母联失灵启动 TA | 5 | 母联失灵启动 ST |
| 3 | 母联失灵启动 TB | | |

（4）开入测试。220kV 母联保护 I 屏进行开出测试，充电过电流跳闸 2（母联启动失灵）开出，220kV 母差 I 屏装置显示表 7 – 14 中开入 1 母联失灵启动变位。表 7 – 15 中开入 2 母联失灵启动 TA、开入 3 母联失灵启动 TB、开入 4 母联失灵启动 TC、开入 5 母联失灵启动 ST 均未变位，符合虚端子设计逻辑。

（5）保护装置说明书回路逻辑如下：当失灵开入有效，失灵电流元件和失灵电压元件均开放时，经失灵保护 1 时限延时后失灵条件仍满足，则失灵保护跳开母联、分段断路器；经失灵保护 2 时限延时后失灵条件仍满足，则失灵保护跳开与失灵支路处于同一母线上的所有支路断路器。

（6）回路测试说明。投入 220kV 母联保护屏 GOOSE 软压板：充电过电流跳闸 2（母联启动失灵）。投入 220kV 母差失灵保护 I 屏失灵保护软压板，220kV 母 MU 投入。加入动作电流使 220kV 充电保护动作，充电过电流跳闸 2 出口，220kV 母差 I 屏接收到开入变位母联失灵启动，如上述（3）、（4）说明。同时，加入上述逻辑中三相启动失灵动作电流，满足电压开放条件，装置没有动作。母联保护启动失灵回路功能无法实现。

（7）220kV 母差保护 I 屏装置开入功能厂家说明如表 7 – 16 所示。

表 7 – 16　　　　　　　220kV 母差保护 I 屏装置开入功能厂家说明

| 序号 | 开入名称 | 功　能 |
|---|---|---|
| 1 | 母联失灵启动 | 不是上述（5）逻辑图中启动失灵开入触点 |
| 2 | 母联失灵启动 TA | |
| 3 | 母联失灵启动 TB | |
| 4 | 母联失灵启动 TC | 为上述启动失灵开入触点 |
| 5 | 母联失灵启动 ST | |

（8）解决办法：将 220kV 母联保护 I 屏充电过电流跳闸 2 虚端子由开入 1 母联失灵启动连接至表 7－16 中开入 5 母联启动失灵 ST，方可实现 220kV 母联启动失灵回路功能。

## 7.8　一体化电源组件运行维护与异常处理

### 一、直流操作电源

直流操作电源的类型和工作原理见 2.7.3 节。下面介绍直流操作电源的故障处理。

**1.** 直流系统过电压故障

（1）故障现象：直流过电压告警，现场检查发现母线电压超出过压警告设定值，检查模块输出电压和电流发现其中一个模块电流很大，其他模块电流几乎为零。

（2）原因分析：监控器或模块两个部分故障可能导致系统过电压，只要将监控器退出运行就可以区分。当监控器退出后模块进入自主工作状态，此时如果电压还是过高，说明模块内部控制回路故障造成输出电压失控，发生这种情况时，直流系统负荷电流一般小于单个模块输出电流，所以当某一模块输出失控，输出电压过高时，除了供给负荷外还不断对蓄电池进行充电，最终使直流母线电压过高而报警。

（3）处理方法：首先检查模块的告警信号，观察哪一个模块输出电流最大且接近模块的最大电流。对于符合上述两个条件的模块，立即将此模块退出运行，如直流系统恢复正常，则证明该模块故障，更换此电源模块即可。

**2.** 模块均流故障

（1）故障现象：模块输出电流不一致，均流超标。

（2）原因分析：造成模块输出电流差别过大的原因通常是均流回路部分故障，也有因模块输出电压不一致造成的。模块间的均流是靠模块之间建立均流线，并通过硬件电路完成的。如果模块之间电压相差太大，超出了均流调整范围，就会出现模块均流不好的问题。所以在模块投运前，一定要将每一个模块的输出电压调整一致，这样均流控制才会更好地发挥作用。对于长期运行的模块，其输出电压也会发生一定的偏差，因此定期对单个模块的输出电压进行调整是必需的。

（3）处理方法：分别将每一个模块输出电压精确调整到浮充电电压值，如果还是达不到均流要求，应考虑模块内部均流问题，可将最大电流、最小电流的模块退出再运行一次均流试验，反复如此，直到找出均流问题的模块。

**3. 模块内部短路造成交流总开关跳闸**

（1）故障现象：运行中发生充电装置交流失电。

（2）原因分析：充电装置交流失电一定是因为充电装置内部存在短路，通常有两种可能：① 交流进线短路，这种可能性比较小；② 模块内部短路。在模块内部保护采用熔断器的情况下，模块内部发生短路时尽管熔断器定值远小于上级空气断路器，但熔丝的熔断时间大于空气断路器时间，容易发生越级或同时上下级保护动作，导致充电装置空气断路器动作而停电。

模块采用空气断路器跳闸，并且上下级级差比较大，可以避免类似故障，所以模块保护一般采用空气断路器。

（3）处理方法：遇到这样的情况不要急于闭合交流总开关，如果故障还存在，闭合总开关可能会造成故障扩大。首先，将多余模块退出，仔细检查交流回路有无烧黑痕迹，如果没有，可以闭合交流总开关，同时安排人员观察交流回路，是否有放电短路情况。闭合后如果正常，则可以排除交流总母线故障的可能，接下来应分别检查模块。通常模块内部短路会产生焦糊味，用鼻子闻就可以找到发生故障的模块，或用万用表测量交流输入回路电阻，判断是否有短路。但有时故障电流已经将故障点烧断，用此方法检查不出来短路故障，此时可以通过输入电阻比较法找到故障模块，一般输入电阻很大的模块就是故障模块。若以上两种方法均无法判断故障模块，就只能将模块分别缓慢插入进行检查，如果插入过程中发生短路就是证明了该模块故障，也有插入后全部都正常的情况，但一定有一个模块是没有输出电流的，原因就是彻底烧断了。

**4. 模块输出过电压或欠电压**

（1）故障现象：模块故障报警，直流系统电压、电流均正常。

（2）原因分析：这种情况一般是模块内部故障造成无电压输出，所以对系统正常运行没有影响，但 $N+1$ 的冗余没有了，需要及时更换模块。

另外一种造成这种现象的原因可能是模块输出电压失控，输出电压远远大于其他模块的输出定值，使模块输出最大电流达到限流值，但由于充电机中的输出电流要大于单个模块的最大电流，因此输出电压还是维持在正常的设定值。

（3）处理方法：检查哪个模块报警指示灯亮或输出电流为零，退出该模块后重新设置工作模块数量，告警自动消除，证明该模块故障。有些监控器可以直接从监控屏幕显示故障模块，处理起来更加简单。判别模块电压失控导致输出电流增大，只要检查哪一个模块输出增大到额定电流，而其他模块电流很小，就可以判定输出最大电流的模块发生电压失控故障。

**5.** 模块自动退出运行

（1）故障现象：充电装置报模块故障，但充电装置表面上看正常。

（2）原因分析：这种情况的充电装置一般具有故障模块自动退出运行功能，可以更好地保证充电装置的可靠性。

（3）处理方法：从监控器菜单中选中故障信息内容，可知道是几号模块故障，一般也可从模块表面指示灯的运行情况判别，自动关机后模块指示灯就不亮了。此时，可以加电重启一次看能否恢复正常，或更换模块。

**6.** 模块风扇故障

（1）故障现象：个别模块不工作。

（2）原因分析：风冷模块自动退出运行最常见的故障是风扇损坏，将模块退出后放置一段时间，待模块冷却后再插进去，模块会工作一段时间，然后又报故障，检查风扇发现风扇是不转的。

（3）处理方法：更换同类型风扇即可解决。

**7.** 充电装置输出电压不稳定

（1）故障现象：蓄电池电流不稳定，一会儿充电一会儿放电，无告警信号发出。

（2）原因分析：

1）模块本身输出不稳定影响充电装置输出电压的稳定性。

2）监控器控制故障，造成输出电压不稳定。发生这种情况的充电装置大多是由模拟电压控制输出的模块。模块输出电压由模拟电压控制，控制电压发生小幅波动，将造成输出电压的波动。但这种波动如果幅度不大没有超过告警设定值，充电装置不会发出告警信号，平时也不易发现，只有在作电压稳定性测试时才能反映出来。但从蓄电池电流频繁进出不稳定可能发现该故障，该故障对蓄电池寿命有一定影响。

（3）处理方法：将监控器输出到模块的控制线全部拔掉，让模块处在自主工作状态，看输出电压不稳定是否消除，如果消除了，证明是监控器控制出了问题，需要进一步检查监控器。如果还是不稳定，需要进一步判断是哪个模块的问题，可以逐个退出模块，直到输出电压稳定，依此推断有问题的模块。

**8.** 电压失控升高

（1）故障现象：输出电压不断往上升至极限值。

（2）原因分析：造成这种现象的原因通常是电压采样回路开路，当监控器采样回路开路时，由于采不到反馈电压，监控器将逐步调整模拟控制电压，使模块输出电压升高，各模块输出电流均流很好，当模块内部采不到反馈电压时该模块升压，失控后如果直流负荷较小，对蓄电池不断充电造成母线电压升高。

（3）处理方法：检查电压采样回路是否有断线现象，或更换失控模块。

**9. 模块输出电流小**

（1）故障现象：个别模块输出电流小。

（2）原因分析：单个模块电压均调整正常，小电流均流也正常，但一旦带大电流负荷，模块电流无法增加。做单个模块试验发现，带负荷后电压明显降低。一般来讲，这是模块带负荷能力降低的表现，通常是模块的软启动限流电阻在正常启动后没有短接造成的，可能是继电器问题，也可能是继电器驱动问题。由于模块内部电路复杂，一般不主张非专业人员在现场维修，只能进行模块更换处理。

（3）处理方法：更换模块。

**10. 模块熔丝熔断**

（1）故障现象：模块故障告警，检查发现模块熔断器熔断。

（2）原因分析：熔断器熔断大多是由于短路故障引起的，也有熔断器本身质量问题造成熔断的。后一种熔断如果是玻璃管熔断器可以看到熔丝中间断开一截，短路造成的熔断器熔断使玻璃管发黑，熔丝基本上看不见。

（3）处理方法：前一种熔断器熔断可以更换相同规格的熔断器。对于后一种熔断器熔断不宜更换同种型号的熔断器，以免模块再次短路扩大故障。

**11. 直流母线纹波大**

（1）故障现象：运行中发现纹波比原来大许多。

（2）原因分析：纹波增大有内部原因和外部原因两种可能，首先要区别是哪一种原因造成的。内部原因通常是模块滤波电解电容器失效，丧失了滤波功能造成纹波过大；外部原因一般为大功率逆变器电源 EMI 滤波器发生故障。要判断纹波产生的原因，只需将充电装置退出直流母线，检查纹波电压是否有变化。如果是内部原因，则退出充电装置纹波源消失，纹波电压明显降低；如果是外部原因，纹波应该变化很小。若为内部原因，则也可以逐个退出模块，从中找出哪一个模块产生纹波。

（3）处理方法：如果纹波由模块产生，只要更换模块中输出电解电容器或整个更换模块即可解决；如果由外部产生，可以通过试拉直流电源查找纹波源，并作进一步处理。

**12. 模块风扇声响**

（1）故障现象：运行中听见有异常声响，寻踪发现是模块风扇造成的。

（2）原因分析：模块风扇寿命一般为 5 年左右，超过 5 年的风扇轴承磨损会造成风扇响声增大并最终损坏，风扇故障将导致模块散热不良而发生故障，应立即处理。

（3）处理方法：模块退出运行后更换同型号的风扇。

**二、蓄电池组**

阀控式密封铅酸蓄电池的相关知识见 2.7.4 节。

**（一）运行维护与阀控式蓄电池的核对性放电**

**1. 运行维护**

（1）运行方式及监视。阀控式蓄电池组在正常运行中以浮充电方式运行浮充电压值宜控制为 2.23～2.28V×N（N 为串接的蓄电池数目），均衡充电电压值宜控制为 2.30～2.35V×N，在运行中主要监视蓄电池组的端电压值浮充电流值每只蓄电池的电压值、蓄电池组及直流母线的对地电阻值和绝缘状态。

（2）阀控式蓄电池在运行中电压偏差值及放电终止电压值应符合表 7-17 的规定。

表 7-17　　阀控式蓄电池在运行中电压偏差值及放电终止电压值的规定

| 阀控式密封铅酸蓄电池 | 标称电压/V | | |
|---|---|---|---|
| | 2 | 6 | 12 |
| 运行中的电压偏差值 | ±0.05 | ±0.15 | ±0.3 |
| 开路电压最大最小电压差值 | 0.03 | 0.04 | 0.06 |
| 放电终止电压值 | 1.80 | 5.40 | 10.80 |

（3）在巡视中应从如下几方面检查蓄电池。

1）外观检查。极板无弯曲、变形；极柱螺钉、连接条无松动、腐蚀现象；壳体无鼓胀变形，无漏液现象。

2）单体蓄电池端电压测量。用万用表或通过蓄电池在线监测系统每月普测一次。

3）蓄电池组总电压测量。用万用表或通过蓄电池在线监测系统每月测一次。

4）蓄电池室运行环境温度检查。温度、通风、照明要符合要求。

（4）备用搁置的阀控式蓄电池每 3 个月进行一次补充充电。

（5）阀控式蓄电池的温度补偿系数受环境温度影响基准温度为 25℃时，每下降 1℃单体电压为 2V 的阀控式蓄电池浮充电压值应提高 3～5mV。

（6）根据现场实际情况应定期对阀控式蓄电池组作外壳清洁工作。

**2. 阀控式蓄电池的核对性放电**

长期使用限压限流的浮充电运行方式或只限压不限流的运行方式，无法判断阀控式蓄电池的现有容量，以及内部是否失水或干裂。只有通过核对性放电才能找出蓄电池存在的问题。

（1）一组阀控式蓄电池。发电厂或变电所中只有一组电池，不能退出运行也不能作全核对性放电，只能用 $I_{10}$ 电流恒流放出额定容量的 50%，在放电过程蓄电池组端电压不得低于 $2V×N$，放电后应立即用 $I_{10}$ 电流进行恒流限压充电→恒压充电→浮充电，反复放充 2～3 次，蓄电池组容量可得到恢复，蓄电池存在的缺陷也能找出和处理。若有备用阀控式蓄电池组作临时代用，则该组阀控式蓄电池可作全核对性放电。

（2）两组蓄电池。发电厂或变电所中若具有两组阀控式蓄电池，可先对其中一组阀控式蓄电池组进行全核对性放电。用 $I_{10}$ 电流恒流放电，当蓄电池组端电压下降到 $1.8V×N$ 时，停止放电，隔 1～2h 后，再用 $I_{10}$ 电流进行恒流限压充电→恒压充电→浮充电，反复 2～3 次，既能查出蓄电池存在的问题，容量也能得到恢复。若经过 3 次全核对性放充电蓄电池组容量均达不到额定容量的 80% 以上，可认为此组阀控式蓄电池使用年限已到，应安排更换。

（3）核对性放电周期。新安装或大修后的阀控式蓄电池组，应进行全核对性放电试验，以后每隔 2～3 年，进行一次核对性试验，运行了 6 年以后的阀控式蓄电池，应每年作一次核对性放电试验。

（二）故障处理

**1.** 极板短路或开路

极板短路或开路主要由极板的沉淀物弯曲变形、断裂等造成，当无法修复时应更换蓄电池。

**2.** 壳体异常

壳体异常主要由充电电流过大、内部短路、温度过高等原因造成。

处理方法：

（1）对于渗漏电解液的蓄电池应更换或用防酸密封胶进行封堵。

（2）外壳严重变形或破裂时应更换蓄电池。

**3.** 蓄电池反极

蓄电池反极主要由极板硫化、容量不一致等原因造成，应将故障蓄电池退出运行，进行反复充电直至恢复正常极性。

**4.** 极柱、螺栓、连接条爬酸或腐蚀

极柱、螺栓、连接条爬酸或腐蚀主要由安装不当、室内潮湿、电解液溢出等原因造成。

处理方法：

（1）及时清理，做好防腐处理。

（2）严重的更换连接条、螺栓。

**5. 容量下降**

容量下降主要由于充电电流过大、温度过高等原因造成蓄电池内部失水干涸、电解物质变质。此时，应用反复充放电的方法恢复容量，若连续 3 次充放电循环后，仍达不到额定容量的 80%，应更换蓄电池。

**6. 绝缘下降**

绝缘下降主要由电解液溢出、室内通风不良、潮湿等原因造成。

处理方法：

（1）用酒精清擦蓄电池外壳和支架。

（2）改善蓄电池的通风条件，降低湿度。

**三、双电源自动切换装置**

双电源自动切换装置的相关知识见 2.7.5 节。其故障处理的相关内容介绍如下。

**1. 接入电源自动转换开关不动作，控制器灯不亮**

（1）安装接线错误或虚接。

处理方法：

1）检查断路器进线端有无脱落和虚接，如有脱落重新接好。

2）对于 3 极 ATS，中性线应接入中性端子上。

（2）熔断器熔芯是否熔断。

处理方法：检查熔断器，如果熔断，更换熔断器。

**2. 接入电源自动转换开关不动作，控制器灯亮**

（1）自动转换开关未置自动位置。

处理方法：

1）如果自动转换开关"自动/手动"切换开关在手动位置，则将其改为自动位置。

2）检查自动转换开关置在自投不自复或互为备用状态下，不能备用回路转为主用回路，如需改为自投自复状态时重新调整拨码开关及控制器设置。

（2）自动转换开关延时调整过长。

处理方法：重新调整延时拨码开关及控制器的设置。

**3. 控制器电源灯闪烁**

（1）进线电源故障。

1）电源超压。

2）电源线路接触不良。

3）控制器故障。

处理方法：重新调整进线电源电压。

（2）电源灯闪烁，蜂鸣器报警。

处理方法：

1）检查进线电源是否有断相，或虚接现象，如存在则接实，其中包括自动转换电器的采样线。

2）控制器插件重新接插或更换控制器。

3）进线电源端中性线与相线接反，重新更正接好。

**4. 控制器工作灯正常，ATS 不转换**

（1）B 型控制器面板指示灯接线故障。

（2）控制器部位插件虚接。

（3）控制器不工作。

处理方法：

1）首先将面板指示灯插件拔下，对 ATS 通电试验，如果切换正常，则将面板指示灯线重新接正确。

2）将 A 型或 B 型控制器插件拔下后重新插好，插实后再进行试验。

3）ATS 控制器有可能因现场电压超压或其他原因造成控制器损坏，更换同规格控制器。

**5. 自动转换开关脱扣灯亮**

（1）运输原因造成自动转换电器断路器脱扣。

处理方法：如果是运输原因造成塑壳断路器脱扣，手动再扣后自动转换到自动状态，同时按复位键。

（2）使用中造成自动转换电器的断路器脱扣。

处理方法：在使用中造成自动转化电器的塑壳断路器脱扣，首先要检查断路器负荷情况。如果是短路原因造成脱扣，则首先将短路现象排除后再进行手动或自动转换，如在没排除短路故障情况下不得进行手动或自动转换，否则易造成二次短路或出现人身伤害。如果是过负荷情况下脱扣，则首先检查用电设备负荷，同时要检查 ATS 使用塑壳断路器额定电流是否能满足负荷，如不满足应尽可能更换塑壳断路器，否则会引起断路器频繁脱扣造成断路器动静触头烧损，影响供电系统。

**四、UPS**

UPS 的相关内容见 2.7.6 节。下面介绍其运行维护及故障处理的相关知识。

（一）运行维护

**1.** 第一次开机操作流程

（1）根据先后顺序将小型断路器置于"ON"位置。前面板市电指示灯与旁路指示灯同时亮起。

（2）将前面板逆变开关合上，前面板市电指示灯与旁路指示灯持续明亮，过4s后，逆变指示灯变亮，LCD显示市电正常，直流正常，由市电经旁路供电输出。

（3）经过15s后前面板市电指示灯明亮，旁路指示灯熄灭，逆变指示灯亮，直流正常，由设备变流器供电输出。

（4）切断设备交流输入电源，市电指示灯熄灭，直流正常，设备逆变器供电输出。设备发出告警后，表示设备目前使用直流电池组供电运行。

（5）恢复设备输入电源，市电指示灯亮起，按下LCD显示循环切换按钮切换显示项目，检查显示值是否正常，即完成第一次开机程序，正式启用由设备提供的纯净电源。

（6）按下LCD显示循环切换按钮切换显示项目至输出功率显示百分比（%），如果显示值大于100%，去除不重要的负荷，使显示值小于100%。

**2.** 开机前应确认事项

（1）确认后面板上电源开关置于"OFF"位置，前面板开关机循环按键置于"OFF"位置。

（2）对系统回路核实图纸，再进行一次确认。

（3）检查输入电源线是否有松动情形，如有则再锁紧。

（4）先不要接负荷。

（5）用万用表检查输入电压是否合乎电力专用电源所需电压额定值。

**3.** 日常开关机操作流程

（1）UPS日常关机时，将设备逆变开关断开，将后面板对应开关置于"OFF"位置。

（2）UPS日常开机时，将后面板对应开关置于"ON"位置，将设备逆变开关合上即可启动。

长时间不用的开关机操作程序：

如果超过10s不使用UPS时，先按下位于前面板上的逆变开关机按键，再将位于后面板的所有电源输入开关断开，即置于"OFF"位置。

**4.** 定期维护

（1）检查各电气连接螺钉是否松动，各插件的接触是否良好，各零部件有无破损、划伤，导线有无折断及折伤等，发现问题及时处理。

（2）检查各功率驱动元件和印制电路插件有无烧黄、烧焦和烟熏状痕迹，有无电容炸裂、漏液、膨胀变形现象。

（3）检查变压器绕组及连接器件和扼流线圈是否有过热变色和分层脱落现象。

（4）检查触点的磨损情况，对烧焦、损坏的电气触点进行处理。

（5）检查电源熔断器是否完好，固定是否牢固。

（6）检查绝缘电阻是否符合要求，对于绝缘电阻不合格的部件应及时更换或维修。

（7）清除 UPS 设备各部件的污物和灰尘，以降低装置的运行温升和提高设备的工作性能。

（8）给蓄电池充电过程中，在状态转换瞬间及浮充电状态时，有可能发生蓄电池电压高于整流模块输出电压的情况，此时整流模块运行灯熄灭，故障灯亮，蓄电池放电。待蓄电池端电压低于整流模块输出电压后，整流模块会自动恢复正常充电状态。若某个整流模块长时间为故障状态，则应重新调节该模块电压调节旋钮，保证所有模块工作正常。

（9）手动停交、直流输入，UPS 能自动切换至旁路供电状态；恢复交、直流供电，UPS 又能切换至逆变供电状态。

**5.** 例行检查

（1）现场观察 UPS 设备的操作控制显示屏，确认表示 UPS 运行状态的指示信号灯的指示都处于正常状态，所有的电源运行操作参数值处于正常值范围内，在显示屏上没有出现任何故障和报警信息。

（2）听是否有不正常的声音。UPS 设备在运行过程中会发出一定声音，如电抗器、变压器、继电器、冷却风扇等，它们都要发出各种不同的声音，值班人员可根据正常与异常时的声音变化来判断设备的运行状态。

（3）测量蓄电池的端电压是否正常，再测变压器、电抗器、功率元件等主要发热元件的工作温度是否有明显过热现象。

（二）故障处理

**1.** 逆变电源无交流输入

原因分析：

（1）站用电源交流进线故障。

（2）逆变电源装置交流电源侧元件故障。

处理方法：

（1）检查交流输入熔断器。当逆变器工作于备用状态，市电停用或恢复时不能自动切换，可能是时间继电器或交流接触器失灵，应断开交流输入开关，更换时间继电器或交流接触器。

（2）检查交流进线开关是否跳闸。

（3）检查交流进线开关上口交流电压是否正常。

（4）检查进线接触器是否跳闸。

（5）检查交流电压采集单元工作是否正常。

**2. 逆变电源装置交流输入过、欠电压告警**

原因分析：

（1）站用电源交流进线故障。

（2）逆变电源装置交流电源侧元件故障。

处理方法：

（1）检查交流进线开关上口交流电压是否正常。

（2）检查交流电压采集单元工作是否正常。

（3）检查交流进线主回路是否有断点、虚接点。

**3. 模块过热**

逆变器内部过热，应检查逆变电源是否过负荷，通风口是否堵塞，若室内环境温度未过高，卸载等待 10min，让逆变电源冷却后，再重新启动。

**4. 模块输入熔断器熔断**

原因分析：

（1）模块输入电压过高，导致模块输入端压敏电阻烧坏，需更换压敏电阻。

（2）模块内部开关管损坏，需更换开关管。

处理方法：如果是压敏电阻损坏，则将压敏电阻剪掉，测量交流输入端电阻，如果电阻为几百欧则正常，如果电阻为 0 则是开关管损坏，如果电阻为无穷大则是辅助电源变压器损坏。

**5. 模块故障、运行指示灯均不亮**

（1）查看熔断器是否烧毁，如果烧毁，则查找原因。

（2）拆开模块，查看模块与前面板连接的电缆是否脱落。

**6. 模块故障指示灯亮**

（1）确定输入电压是否正常，是否在输入电压范围之内。

（2）监控调节速度过快，模块过电压保护。将交流输入断开，5s 后重新合上电源即可。

**7. 模块启动后马上关闭，间隔 10s 后重新启动，周而复始**

（1）如果模块不带负荷，则模块已损坏，需更换模块内部的开关管或整流管。

（2）如果是模块带负荷后发生，则负荷端存在短路现象。

**8. 模块故障**

如果更换模块插槽后，该模块依然故障，则基本判定是模块故障。打开模块外壳，检查模块内插座、电缆和集成电路等有无松动，模块有无烧糊痕迹，交流部分熔断器是否熔断。如果仅仅是熔断器熔断，则还要检查交流压敏电阻是否烧坏，可去掉交流压敏电阻后再换一个熔断器试一下。

注意事项：

（1）在开机状态下，出现逆变模块故障显示，确认需要更换某个逆变模块时，应先拆掉前面板上固定该模块的两个螺钉，从机内拔出坏模块，装入新模块，应缓慢将逆变模块推入导轨，若遇阻力，可用力快速将模块推入插槽。

（2）正常情况下，开关处于"逆变"位置。

（3）在维修时，首先将监控器上的逆变/市电开关置于"市电"位置，或将控制面板上的逆变开关置于"OFF"位置，方可旋转维修旁路开关至"维修旁路"位置。

**9. 逆变电源开机开关打到"ON"位置，逆变电源不能开机**

原因分析：逆变电源输出短路。

处理方法：关闭逆变电源，解除负荷，确认负荷没有故障或内部短路，重新上电开机。

**10. 直流输入电压偏低、偏高**

原因分析：直流输入故障。

处理方法：检查直流输入部分是否连接良好。

**11. 无交流输出**

原因分析：输出总开关断开。

处理方法：检查输出总开关是否断开。

**12. 输出异常灯亮**

原因分析：输出过负荷或输出短路。

处理方法：关闭开关，调整负荷至正常范围，查找短路原因并消除。

**13. 过负荷灯亮**

原因分析：断开负荷，将面板开关位置复位后再试，若恢复正常，则说明是负荷问题，反之则表示逆变器自身故障。

处理方法：关机拔掉输出电流检测传感器插头，再重新开机。如恢复正常，则说明输出电流检测传感器故障，反之则说明是微机板故障。

**14.** 无交流输出

原因分析：监控器故障。

处理方法：检查监控器部分的电源输入电压是否正常，检查各插件是否插接牢固。

**15.** 液晶显示黑屏

原因分析：液晶显示不正常。

处理方法：检查液晶模块与显示板连接是否可靠

### 五、逆变电源

逆变电源的相关知识见 2.7.7 节。下面介绍其运行维护的相关知识。

**1.** 逆变电源的运行

（1）严格按照逆变器使用维护说明书的要求进行设备的连接和安装。在安装时，应认真检查：线径是否符合要求，各部件及端子在运输中有无松动，应绝缘处是否绝缘良好，系统的接地是否符合规定。

（2）应严格按照逆变器使用维护说明书的规定操作使用。尤其是在开机前要注意输入电压是否正常；在操作时要注意开关机的顺序是否正确，各表头和指示灯的指示是否正常。

（3）逆变器一般均有断路、过电流、过电压、过热等项目的自动保护，因此在发生这些现象时，无须人工停机；自动保护的保护点一般在出厂时已设定好，无须再行调整。

（4）逆变器机柜内有高压，操作人员一般不得打开柜门，柜门平时应锁死。

（5）在室温超过 30℃时，应采取散热降温措施，以防止设备发生故障，延长设备使用寿命。

**2.** 逆变电源的定期维护

（1）检查各电气连接螺钉是否松动，各插件的接触是否良好，各零部件有无破损、划伤，导线有无折断及折伤等，发现问题及时处理。

（2）检查各功率驱动元件和印制电路插件有无烧黄、烧焦和烟熏状痕迹，有无电容炸裂、漏液、膨胀变形现象。

（3）检查变压器绕组及连接器件和扼流线圈是否有过热变色和分层脱落现象。

（4）检查触点的磨损情况，对烧焦、损坏的电气触点进行处理。

（5）检查电源熔断器是否完好，固定是否牢固。

（6）检查绝缘电阻应符合要求，对绝缘电阻不合格的部件应及时更换或维修。

（7）清除逆变电源设备各部件的污物和灰尘，以降低装置的运行温升和提高设备的工作性能。

（8）手动停交、直流输入，逆变电源能自动切换至旁路供电状态；恢复交、直流供电，逆变电源又能切换至逆变供电状态。

**六、通信电源**

通信电源的相关知识见 2.7.8 节。下面介绍其运行维护的相关知识。

（1）电源的交流输入所采用的避雷器的状态，在进行电源的巡视维护时应注意检查，特别是雷雨天气时，更应该注意检查避雷器的状态，发现问题及时更换，如当发现 OBO 防雷模块故障显示窗的颜色由绿色变成红色时，就要对防雷模块进行更换，确保发生雷击时能够发挥其防雷作用。这里应注意普通氧化锌避雷器存在有一定的漏电流，长期使用容易老化，造成使用性能下降，所以即使长时间没有雷击发生，也要定期进行更换，确保其防雷效果。

（2）高频开关电源在正常使用的情况下，整流器主机的维护工作量很少，主要是防尘和定期除尘，否则飞尘加上潮湿会引起主机工作紊乱，同时积尘也会影响器件的散热。一般每季度应对主机彻底清洁一次，在除尘时应检查各连接件和插接件有无松动和接触不牢的情况。

（3）通信电源中设置的参数在使用中不能随意改变。

（4）通信电源在使用时应注意避免随意增加大功率的额外设备，也不允许在满负荷状态下长期运行。由于通信直流电源几乎是在不间断状态下运行的，增加大功率负荷或者在基本满负荷下工作，都将可能造成整流器模块故障，严重时将损坏整个电源系统。

（5）电源系统出现故障时，应先查明原因，分清是负荷还是电源本身，是整流器还是蓄电池组。高频开关整流器模块的输入/输出主回路由于有输入过电压和输出限流保护，因此发生故障的可能性较小，其内部控制电路、显示电路、保护电路等发生的故障相对较多，而且这些电路中只要有一个元器件发生故障，就可能导致整流模块停止工作，处理这些故障时只需更换有故障的电路板便可排除故障。

（6）当高频开关整流器模块出现保险管烧断等故障时，不得直接进行更换保险管后通电重新开机，否则会接连发生相同的故障，不但检查不出故障所在，还可能会在开机的瞬间导致故障范围更加扩大。在现场处理紧急故障时，可采取整流器整机更换的方式来排除通信直流电源供电的故障，但在更换整流器时，通信直流电源供电系统不得停止对通信设备的供电。

（7）通信设备在接入直流配电分路输出开关时，要注意通信设备上的电源总输入开关的容量不得大于其接入的直流配电分路输出的开关容量，否则将引起越级跳开关，可能造成通信直流电源系统故障。

# 附　　录

## 附录 A　术 语 与 定 义

**1.** 智能变电站（Smart Substation）

智能变电站是采用先进、可靠、集成、低碳、环保的智能设备，以全站信息数字化、通信平台网络化、信息共享标准化为基本要求，自动完成信息采集、测量、控制、保护、计量和监测等基本功能，并可根据需要支持电网实时自动控制、智能调节、在线分析决策、协同互动等高级功能的变电站。

**2.** 新一代智能变电站（New Generation Smart Substation）

新一代智能变电站是以"系统高度集成、结构布局合理、装备先进适用、经济节能环保、支撑调控一体"为目标，以功能需求为导向，远近结合，既有创新，又具有可操作性，从被动的选择已有产品转变为主动引导设备研制，构建了以集成化智能设备、一体化业务系统及站内统一信息流为特征的智能变电站。

**3.** 智能终端（Intelligent Terminal）

智能终端是一种智能组件，与一次设备采用电缆连接，与保护、测控等二次设备采用光纤连接，实现对一次设备（如断路器、隔离开关、主变压器等）的测量、控制等功能。

**4.** 智能单元（Smart Unit）

智能单元是智能组件的一个功能单元。传统一次设备的智能化接口通过电缆或光缆与一次设备直连，具备网络接口，并与变电站网络连接，实现对开关设备、变压器等一次设备的信号采集、控制等功能。

**5.** 智能组件（Intelligent Component）

智能组件由若干智能电子装置集合组成，承担与宿主设备相关的测量、控制和监测等基本功能。在满足相关标准要求时，还可承担计量、保护等功能。

**6.** 智能电子设备（Intelligent Electronic Device，IED）

智能电子装置是一种带有处理器，具有以下全部或部分功能的设备：① 采集或处理数据；② 接收或发送数据；③ 接收或发送控制指令；④ 执行控制指令。例如，具有智能特征的变压器有载分接开关的控制器、具有自诊断功能的现场局部放电监测仪等。

**7.** 测量单元（Measurement Unit）

测量单元是实现对一次设备各类信息采集功能的元件，是智能组件的组成部分。

**8.** 控制单元（Control Unit）

控制单元是接收、执行指令，反馈执行信息，实现对一次设备控制功能的元件，是智能组件的组成部分。

**9.** 保护单元（Protection Unit）

保护单元是实现对一次设备保护功能的元件，是智能组件的组成部分。

**10.** 计量单元（Metering Unit）

计量单元是实现电能量计量功能的元件，是智能组件的组成部分。

**11.** 状态监测单元（Detecting Unit）

状态监测单元是实现对一次设备状态监测功能的元件，是智能组件的组成部分。

**12.** 合并单元（Merging Unit，MU）

合并单元是用以对来自二次转换器的电流和/或电压数据进行时间相关组合的物理单元。合并单元可以是互感器的一个组成件，也可以是一个分立单元。

**13.** 电子式互感器（Electronic Instrument Transformer）

电子式互感器是一种装置，由连接到传输系统和二次转换器的一个或多个电流传感器或电压传感器组成，用于传输正比于被测量的量，供测量仪器、仪表和继电保护或控制装置。

**14.** 电子式电流互感器（Electronic Current Transformer，ECT）

电子式电流互感器是一种电子式互感器，在正常适用条件下，其二次转换器的输出实质上正比于一次电流，且相位差在联结方向正确时接近于已知相位角。

**15.** 电子式电压互感器（Electronic Voltage Transformer，EVT）

电子式电压互感器是一种电子式互感器，在正常适用条件下，其二次电压实质上正比于一次电压，且相位差在联结方向正确时接近于已知相位角。

**16.** 电子式电流电压互感器（Electronic Current & Voltage Transformer，ECVT）

电子式电流电压互感器是一种电子式互感器，由电子式电流互感器和电子式电压互感器组合而成。

**17.** 智能隔离断路器（Intelligent Disconnecting Circuit Breaker）

智能隔离断路器是触头处于分闸位置时满足隔离开关要求的断路器，其断路器端口的绝缘水平满足隔离开关绝缘水平的要求。智能隔离断路器可以优化断路器和隔离开关的检修策略，同时可以简化变电站设计，减少变电站内电力设备数量。

**18.** 智能变压器（Intelligent Transformer）

智能变压器是指一个能够在智能系统环境下，通过网络与其他设备或系统进行交互的变压器。配置内置或外置的各类传感器和执行器，在智能组件的管理下，保证变压器在安全、可靠、经济的条件下运行。

**19.** 智能 GIS（Intelligent Gas Insulated Switchgear）

智能 GIS 是具有相关测量、控制、计量和保护功能的数字化一次设备，可实现"自我参量检测、就地综合评估、实时状态预报"等自我诊断功能。

**20.** 设备状态监测（On-Line Monitoring of Equipment）

设备状态监测即通过传感器、计算机、通信网络等技术，获取设备的各种特征参量并结合专家系统分析，及早发现设备潜在故障。

**21.** 状态检修（Condition-based Maintenance）

状态检修是企业以安全、可靠性、环境、成本为基础，通过设备状态评价、风险评估，检修决策，达到运行安全可靠，检修成本合理的一种检修策略。

**22.** 制造报文规范（Manufacturing Message Specification，MMS）

制造报文规范是 ISO/IEC 9506 标准所定义的一套用于工业控制系统的通信协议。MMS 规范了工业领域具有通信能力的智能传感器、IED、智能控制设备的通信行为，使出自不同制造商的设备之间具有互操作性。

**23.** 通用面向对象的变电站事件（Generic Object Oriented Substation Event，GOOSE）

通用面向对象的变电站事件是一种面向通用对象的变电站事件。其主要用于在多个具有保护功能的 IED 之间实现保护功能的闭锁和跳闸，具有高传输成功概率。

**24.** GOOSE 压板（GOOSE Isolator）

GOOSE 压板实现保护装置动作的跳合闸信号传输，用于解决信号选择性发送问题。对于发送方，GOOSE 在判断发送压板投入后，再检测数据是否发生变化，从而决定是否启动新一轮发送流程；对于接收方，GOOSE 在判断接收压板投入后，再将数据送给保护元件和跳闸元件，收到 GOOSE 元件传过来的数据后，保护元件和跳闸元件会首先将检查 GOOSE 元件送过来的链路状态信息，然后对 GOOSE 数据进行相应处理，或清零，或置 1。

**25.** 互操作性（Interoperability）

互操作性是指来自同一或不同制造商的两个以上 IED 交换信息、使用信息以正确执行规定功能的能力。

**26.** 互换性（Interchangeability）

互换性是指利用相同通信接口，替换同一厂家或不同厂家的装置，能提供相同功能，并对系统的其他部分没有影响的能力。

**27.** 一致性测试（Conformance Test）

一致性测试检验通信信道上数据流与标准条件的一致性，涉及访问组织、格式、位序列、时间同步、定时、信号格式和电平、对错误的反应等。执行一致性测试，证明与标准或标准特定描述部分相一致。一致性测试应由通过 ISO 9001 验证的组织或系统集成者进行。

**28.** 顺序控制（Sequence Control）

顺序控制：发出整批指令，由系统根据设备状态信息变化情况判断每步操作是否到位，确认到位后自动执行下一指令，直至执行完所有指令。

**29.** 交换机（Switch）

交换机是一种有源的网络元件。交换机连接两个或多个子网，子网本身可由数个网段通过转发器连接而成。

**30.** 站域控制（Substation Area Control）

站域控制通过对变电站内信息的分布协同利用或集中处理判断，实现站内自动控制功能的装置或系统。

**31.** 站域保护（Substation Area Protection）

站域保护是一种基于变电站统一采集的实时信息，以集中分析或分布协同方式判定故障，自动调整动作决策的继电保护。

**32.** 分布式保护（Distributed Protection）

分布式保护面向间隔，由若干单元装置组成，功能分布实现。

**33.** 就地安装保护（Locally Installed Protection）

就地安装保护是在一次配电装置场地内紧邻被保护设备安装的继电保护设备。

**34.** 采样值（Sampled Value，SV）

采样值为数字化传输信息。SV 报文基于发布/订阅机制，交换采样数据集中的采样值的相关模型对象和服务，以及这些模型对象和服务到 ISO/IEC 8802-3 帧之间的映射。

**35.** 软压板（Virtual Isolator）

软压板是通过装置的软件实现保护功能或自动功能等投退的压板。该压板投退状态应被保存并掉电保持，可查看或通过通信上传。装置应支持单个软压板的投退命令。

**36.** SV 软压板（SV Virtual Isolator）

SV 软压板即数据接收压板。其按 MU 投入状态控制本端是否接收处理采样数据，正常时不进行操作，但是主变压器保护等跨间隔保护中单间隔 MU 投入压板需要在单间隔检修时操作。

**37.** 虚拟局域网（Virtual Local Area Network，VLAN）

虚拟局域网是一种将局域网设备从逻辑上划分成一个个网段，从而实现虚拟工作组的新兴数据交换技术，主要应用于交换机之中。

**38.** IED 能力描述（IED Capability Description，ICD）文件

IED 能力描述文件由装置厂商提供给系统集成厂商，该文件描述 IED 提供的基本数据模型及服务，但不包含 IED 实例名称和通信参数。

**39.** 系统规格描述（System Specification Description，SSD）文件

系统规格描述文件应全站唯一，该文件描述变电站一次系统结构及相关联的逻辑节点，最终包含在 SCD 文件中。

**40.** 全站系统配置描述（Substation Configuration Description，SCD）文件

全站系统配置描述文件应全站唯一，该文件描述所有 IED 的实例配置和通信参数、IED 之间的通信配置及变电站一次系统结构，由系统集成厂商完成。SCD 文件应包含版本修改信息，明确描述修改时间、修改版本号等内容。

**41.** IED 实例配置描述（Configured IED Description，CID）文件

每个装置有一个 IED 实例配置描述文件，由装置厂商根据 SCD 文件中本 IED 相关配置生成。

**42.** 监测功能组（Monitoring Function Group）

当有一个以上 IED 用于监测时，宜设监测功能组。监测功能组设一个主 IED，承担全部监测结果的综合分析，并与相关系统进行信息互动。

**43.** 智能辅助系统（Smart Auxiliary System）

智能辅助系统立足于"控制与防止"，将图像压缩处理技术、流媒体管理技术、数据（图像及视频）传输技术、图模识别技术、自动控制技术、智能报警技

术、C/S（或 B/S）浏览技术应用到变电站环境监测及安全监控领域，实现变电站安全监控、环境综合监测的数字化、智能化、网络化，使电网运行人员根据系统提供的信息，准确地核对、掌握电网设备的实时运行数据，同时对电网设备和变电站周围环境进行图像监控，以便及时发现和预防外力和人为因素对变电所设备的破坏，提高电网的安全运行水平。

**44.** 网络分析仪（Network Analyzer）

网络分析仪可以完整地记录整个智能变电站中各智能单元之间的通信过程，重现事件的整个通信过程，为以后的事故分析提供依据。

**45.** 设备状态可视化（Equipment State Visualization）

设备状态可视化即采集主要一次设备（变压器、断路器等）状态信息，进行状态可视化展示并发送到上级系统，使变电站中主设备的设备状态可以随时得到监视。

**46.** 智能告警及分析决策（Intelligent Alarm and Analysis Decision）

智能告警及分析决策即建立变电站故障信息的逻辑和推理模型，实现对故障告警信息的分类和过滤，对边站的运行状态进行在线实时分析和推理，自动报告变电站异常并提出故障处理指导意见。

**47.** 故障信息综合分析决策（Comprehensive Analysis Decision of Fault Information）

故障信息综合分析决策即在发生电力系统事故或故障情况下，系统根据获取的各种信息，自动为值班运行人员提供一个事故分析报告并给出事故处理预案，便于迅速判定事故原因和应采取的措施，且可为人工分析直接提供相关数据信息。

**48.** 经济运行及优化控制（Economic Operation and Optimal Control）

经济运行及优化控制即根据变电站实时运行情况，运用数学模型算法综合利用变压器自动调压、无功补偿设备自动调节等手段，支持变电站及智能电网调度技术，支持系统安全经济运行及优化控制。

**49.** 虚端子（Virtual Terminator）

虚端子是一种虚拟端子，描述 IED 的 GOOSE、SV 输入/输出信号连接点的总称，用以标识过程层、间隔层及其之间联系的二次回路信号，等同于传统变电站的屏端子。虚端子联系是由全站 SCD 文件给出的。

**50.** IRIG‐B 码对时（Inter Range Instrumentation Group Time Synchronization）

IRIG‐B 码对时是一种编码对时方式。IRIG 码是美国靶场司令委员会制定的一种对时标准，广泛应用于军事、商业、工业等诸多领域。IRIG 码共有 6 种串行二进制时间码格式，即 IRIG－A、IRIG－B、IRIG－D、IRIG－E、IRIG－G、IRIG－H，主要的区别是时间码的速率不同，最常用的是 IRIG－B 时间码格式。IRIG－B 码是每秒一帧的时间串码，每个码元宽度为 10ms，一个时帧周期包括100 个码元，其每秒输出一帧含有时间、日期和年份的时钟信息。这种对时比较精确。IRIG－B 作为一种新型的对时标准，可以实现多台设备的高精度对时，并且具有连接简单、抗干扰能力强等特点。

**51. 简单网络时间协议对时〔Simple Network Time Protocol（SNTP）Time Synchronization〕**

简单网络时间协议对时是一种网络对时方式。SNTP 是一个简化的网络传输协议（NTP）服务器和 NTP 客户端决策，它提供了全面访问国家时间和频率传播服务的机制，组织时间同步子网并且为参加子网的每一个地方始终调整时间，精确度一般可达 1～59ms，精度的大小取决于同步源和网络路径等特性。在 IEC 61850 中规定的时间同步协议就是 SNTP。

**52. IEEE 1588 对时（IEEE 1588 Time Synchronization）**

IEEE 1588 对时是基于外部统一时钟源进行对时的对时方式中的一种，即具有精准时间源的主时钟（Master）通过网络报文的方式与从时钟（Slave）进行时间同步，能够实现亚微秒级的对时精度。

**53. 秒脉冲对时〔Pulse Per Second（PPS）Time Synchronization〕**

秒脉冲对时是一种脉冲对时方式。利用 GPS 输出的每秒一个脉冲方式进行时间同步校准，获得与 UTC（协调世界时）同步的时间，上升沿的时间误差不大于 1us，是国内外 IED 常用的对时方式。

**54. UTC 时间（UTC Time）**

协调世界时又称世界统一时间、世界标准时间、国际协调时间，简称 UTC。目前，智能变电站适用的 IEC 61850 协议用的就是 UTC 时间，而非北京时间，其起始时刻为 1970 年 1 月 1 日 0 时 0 分 0 秒。

## 附录 B　主变压器保护软压板统计表

| 序号 | 类型 | 软压板标准名称 | 软压板功能 | 各种运行方式下的压板状态 | 南自 | 南瑞 | 四方 | 许继 | 深瑞 |
|---|---|---|---|---|---|---|---|---|---|
| 1 | 功能软压板 | 主保护 | 差动保护投入 | 正常时应投入，差动保护闭锁或可能误动时退出 | 主保护 | 主保护 | 主保护 | 主保护投入 | 主保护投/退 |
| 2 | | 高压侧后备保护 | 高压侧后备保护投入 | 正常时应投入，高后备保护闭锁或可能误动时退出 | 高压侧后备保护 | 高压侧后备保护 | 高压侧后备保护 | 高压侧后备保护投入 | 高压侧后备保护投/退 |
| 3 | | 高压侧电压 | 高压侧复合电压元件投入 | 正常时应投入，高压侧开关拉开时退出 | 高压侧电压 | 高压侧电压投入 | 高压侧电压 | 高压侧电压投入 | 高压侧电压投/退 |
| 4 | | 中压侧后备保护 | 中压侧后备保护投入 | 正常时应投入，中后备保护闭锁或可能误动时退出 | 中压侧后备保护 | 中压侧后备保护 | 中压侧后备保护 | 中压侧后备保护投入 | 中压侧后备保护投/退 |
| 5 | | 中压侧电压 | 中压侧复合电压元件投入 | 正常时应投入，中压侧开关拉开时退出 | 中压侧电压 | 中压侧电压投入 | 中压侧电压 | 中压侧电压投入 | 中压侧电压投/退 |
| 6 | | 低压侧后备保护 | 低压侧后备保护投入 | 正常时应投入，低后备保护闭锁或可能误动时退出 | — | — | — | 低压侧后备保护投入 | — |
| 7 | | 低1分支后备保护 | 对于主变压器低压侧分裂运行，配置两组总开关分别接入分裂运行的两段母线，通常调度命名为××A的开关对应为低1分支，主变压器××A开关的后备保护投入 | 正常时应投入，保护闭锁或可能误动时退出 | 低1分支后备保护 | 低压侧1分支后备保护 | 低1分支后备 | 低1分支后备保护投入 | 低1分支保护投/退 |
| 8 | | 低1分支复压过电流 | 低压侧1分支后备保护中复压过电流保护投入 | 正常时应投入，保护闭锁或可能误动时退出 | — | — | — | 低压1分支复流 | — |
| 9 | | 低压侧电压 | 低压侧复合电压元件投入 | 正常时应投入，低压侧开关拉开时退出 | — | — | — | 低压侧电压投入 | — |
| 10 | | 低1分支电压 | 低压侧1分支开关连接母线复合电压元件投入 | 正常时应投入，低压1分支开关拉开时退出 | 低1分支电压 | 低压侧1分支电压投入 | 低压1分支电压 | 低1分支电压投入 | 低1分支电压投/退 |

| 序号 | 类型 | 软压板标准名称 | 软压板功能 | 各种运行方式下的压板状态 | 南自 | 南瑞 | 四方 | 许继 | 深瑞 |
|---|---|---|---|---|---|---|---|---|---|
| 11 | 功能软压板 | 低2分支后备保护 | 对于主变压器低压侧分裂运行，配置两组总开关分别接入分裂运行的两段母线，通常调度命名为××B的开关对应为低1分支，主变压器××B开关的后备保护投入 | 正常时应投入，保护闭锁或可能误动时退出 | 低2分支后备保护 | 低压侧2分支后备保护 | 低压2分支后备 | 低2分支后备保护投入 | 低2分支保护投/退 |
| 12 | | 低2分支复压过电流 | 低压侧2分支后备保护中复压过电流保护投入 | 正常时应投入，保护闭锁或可能误动时退出 | — | — | 低压2分支复流 | — | — |
| 13 | | 低2分支电压 | 低压侧2分支开关连接母线复合电压元件投入 | 正常时应投入，低压侧2分支开关拉开时退出 | 低2分支电压 | 低压侧2分支电压投入 | 低2分支电压 | 低2分支电压投入 | 低2分支电压投/退 |
| 14 | | 电抗器后备保护 | 电抗器后备保护投入 | 一次具有低压电抗器时且投入运行时应投入，退出运行时退出 | 电抗器后备保护 | 低压电抗后备保护 | 电抗器后备保护 | 电抗器后备保护投入 | 低电抗器保护投/退 |
| 15 | | 公共绕组后备保护 | 公共绕组后备保护投入 | 正常不操作 | 公共绕组后备保护 | 公共绕组后备保护 | 公共绕组保护 | 公共绕组后备保护投入 | — |
| 16 | | 低压侧中性点保护 | 低压侧中性点保护投入 | 正常时应投入，保护闭锁或可能误动时退出 | — | — | — | — | 低压侧中性点保护投/退 |
| 17 | | 远方修改定值 | 投入时允许远方修改定值 | 按定值整定通知单执行，正常不操作 | 远方修改定值 | 远方修改定值 | 远方修改定值 | 远方修改定值 | 远方修改定值 |
| 18 | | 远方切换定值区 | 投入时允许远方切换定值区 | 按定值整定通知单执行，正常不操作 | 远方切换定值区 | — | 远方切换定值区 | 远方切换定值区 | 远方切换定值区 |
| 19 | | 远方控制压板 | 投入时允许远方修改保护软压板投退状态 | 按定值整定通知单执行，正常不操作 | 远方控制压板 | 远方控制压板 | 允许远方操作 | 远方控制压板 | 远方控制压板 |
| 20 | SV接收软压板 | 高压侧SV接收压板 | 投入时，在链路正常时保护装置接收来自相应高压侧合并单元采样值 | 高压侧开关冷备用和检修时或相应的高压侧合并单元检修时退出 | 高压侧SV接收压板 | 高压侧合并单元sv_软压板 | 高压侧MU压板 | 高压侧SV接收 | 高1分支电压（电流）SV投/退 |

续表

| 序号 | 类型 | 软压板标准名称 | 软压板功能 | 各种运行方式下的压板状态 | 南自 | 南瑞 | 四方 | 许继 | 深瑞 |
|---|---|---|---|---|---|---|---|---|---|
| 21 | SV 接收软压板 | 中压侧 SV 接收压板 | 投入时，在链路正常时保护装置接收来自相应中压侧合并单元采样值 | 中压侧开关冷备用和检修时或相应的中压侧合并单元检修时退出 | 中压侧 SV 接收压板 | 中压测合并单元 sv_软压板 | 中压侧 MU 压板 | 中压侧 SV 接收 | 中压侧电压（电流）SV 投/退 |
| 22 | | 低压 1 侧 SV 接收压板 | 投入时，在链路正常时保护装置接收来自相低压侧 1 分支合并单元采样值 | 低 1 分支开关冷备用和检修时或相应的低压侧合并单元检修时退出 | 低压 1 侧 SV 接收压板 | 低压侧 1 分支合并单元 sv_软压板 | 低压侧 MU 压板 | 低 1 分支 SV 接收 | 低 1 分支电压（电流）SV 投/退 |
| 23 | | 低压 2 侧 SV 接收压板 | 投入时，在链路正常时保护装置接收来自相低压侧 2 分支合并单元采样值 | 低 2 分支开关冷备用和检修时或相应的低压侧合并单元检修时退出 | 低压 2 侧 SV 接收压板 | 低压侧 2 分支合并单元 sv_软压板 | — | 低 2 分支 SV 接收 | 低 2 分支电压（电流）SV 投/退 |
| 24 | | 低电抗器 SV 接收压板 | 投入时，在链路正常时保护装置接收来自电抗器采样值 | 低压侧电抗器保护运行和热备用时投入，冷备用和检修时退出 | 低电抗器 SV 接收压板 | 低压电抗合并单元 sv_软压板 | — | 电抗器 SV 接收 | — |
| 25 | | 公共绕组 SV 接收压板 | 投入时，在链路正常时保护装置接收来自公共绕组采样值 | 自耦变压器正常运行时应投入，正常不操作 | 公共绕组 SV 接收压板 | — | 公共绕组 MU 压板 | 公共绕组 SV 接收 | — |
| 26 | | 本体合并单元 sv_软压板 | 投入时，在链路正常时保护装置接收来自本体合并单元采样值 | 正常运行时应投入。本体合并单元检修时退出 | — | 本体合并单元 sv_软压板 | — | — | — |
| 27 | GOOSE 发送软压板 | GOOSE 跳高压侧开关压板 | 投入时允许高压侧开关跳闸出口 | 主变压器电气量保护跳闸时投入，投信号或停用时退出 | GOOSE 跳高压侧开关压板 | 跳高压侧开关 1（2、3）软压板 | 高压开关出口 1（2） | 跳高压侧出口 | 跳高压侧 1（2、3）（分别对应 A、B、C 三相） |
| 28 | | GOOSE 解除高母差复压压板 | 投入时允许高压侧开关失灵保护启动解除母差保护复压闭锁 | 主变压器高压侧开关失灵保护投入时入该压板，停用时退出 | GOOSE 解除高母差复压压板 | — | 解除高复压闭锁 | 高失灵解除复压闭锁 | 跳高压侧 5 |
| 29 | | GOOSE 启动高失灵压板 | 投入时允许高压侧开关失灵保护启动出口 | 主变压器高压侧开关失灵保护投入时入该压板，停用时退出 | GOOSE 启动高失灵压板 | — | 启动高压失灵 | 启动高压失灵 | 跳高压侧 4 |
| 30 | | GOOSE 跳高母联压板 | 投入时允许高压侧母联开关跳闸出口 | 主变压器电气量保护投跳闸时投入（按定值整定通知单执行），投信号或停用时退出 | GOOSE 跳高母联压板 | 跳高压侧母联 1（2、3）软压板 | 高压母联出口 1（2） | 跳高压侧母联出口 | 跳高压侧母联 |

续表

| 序号 | 类型 | 软压板标准名称 | 软压板功能 | 各种运行方式下的压板状态 | 南自 | 南瑞 | 四方 | 许继 | 深瑞 |
|---|---|---|---|---|---|---|---|---|---|
| 31 | GOOSE发送软压板 | GOOSE跳高分段1压板 | 投入时允许高压侧分段1开关跳闸出口 | 主变压器电气量保护跳闸时投入（按定值整定通知单执行），投信号或停用时退出 | GOOSE跳高分段1压板 | — | — | — | 跳高压侧分段（桥开关）1（2） |
| 32 | | GOOSE跳高分段2压板 | 投入时允许高压侧分段2开关跳闸出口 | 主变压器电气量保护跳闸时投入（按定值整定通知单执行），投信号或停用时退出 | GOOSE跳高分段2压板 | — | — | — | |
| 33 | | GOOSE跳中开关压板 | 投入时允许中压侧开关跳闸出口 | 主变压器电气量保护跳闸时投入，投信号或停用时退出 | GOOSE跳中开关压板 | 跳中压侧开关软压板 | 中压开关出口1（2） | 跳中压侧出口 | 跳中压侧1（2、3、4） |
| 34 | | GOOSE解除中母差复压压板 | 投入时允许中压侧开关失灵保护启动解除母差保护复压闭锁 | 主变压器中压侧开关失灵保护投入时投入该压板，停用时退出 | GOOSE解除中母差复压压板 | — | 解除中复压闭锁 | 中失灵解除复压闭锁 | — |
| 35 | | GOOSE启动中失灵压板 | 投入时允许中压侧开关失灵保护启动出口 | 主变压器中压侧开关失灵保护投入时投入该压板，停用时退出 | GOOSE启动中失灵压板 | — | 启动中失灵 | 启动中压侧失灵 | — |
| 36 | | GOOSE跳中母联压板 | 投入时允许中压侧母联开关跳闸出口 | 主变压器电气量保护投跳闸时投入（按定值整定通知单执行），投信号或停用时退出 | GOOSE跳中母联压板 | 跳中压侧母联1（2、3）软压板 | 中压母联出口1（2） | 跳中压侧母联出口 | 跳中压侧母联 |
| 37 | | GOOSE跳中分段1压板 | 投入时允许中压侧分段1开关跳闸出口 | 主变压器电气量保护投跳闸时投入（按定值整定通知单执行），投信号或停用时退出 | GOOSE跳中分段1压板 | — | — | — | 跳中压侧分段1 |
| 38 | | GOOSE跳中分段2压板 | 投入时允许中压侧分段2开关跳闸出口 | 主变压器电气量保护投跳闸时投入（按定值整定通知单执行），投信号或停用时退出 | GOOSE跳中分段2压板 | — | — | — | 跳中压侧分段2 |
| 39 | | GOOSE跳低1开关压板 | 投入时允许低压侧1分支开关跳闸出口 | 主变压器电气量保护投跳闸时投入，投信号或停用时退出 | GOOSE跳低1开关压板 | 跳低压侧1分支软压板 | 低压1开关出口 | 跳低1分支出口 | 跳低压侧1分支1（2） |
| 40 | | GOOSE跳低1分段压板 | 投入时允许低压侧1分段开关跳闸出口 | 主变压器电气量保护跳闸时投入（按定值整定通知单执行），投信号或停用时退出 | GOOSE跳低1分段压板 | 跳低压侧1分段1（2）软压板 | 低压1分段出口 | 跳低1分段出口 | 跳低压侧1分支分段1（2） |

续表

| 序号 | 类型 | 软压板标准名称 | 软压板功能 | 各种运行方式下的压板状态 | 南自 | 南瑞 | 四方 | 许继 | 深瑞 |
|---|---|---|---|---|---|---|---|---|---|
| 41 | GOOSE发送软压板 | GOOSE跳低2开关压板 | 投入时允许低压侧2分支开关跳闸出口 | 主变压器电气量保护跳闸时投入，投信号或停用时退出 | GOOSE跳低2开关压板 | 跳低压侧2分支软压板 | 低压2开关出口 | 跳低压2分支出口 | 跳低压侧2分支1（2） |
| 42 | | GOOSE跳低2分段压板 | 投入时允许低压侧2分段开关跳闸出口 | 主变压器电气量保护投跳闸时投入（按定值整定通知单执行），投信号或停用时退出 | GOOSE跳低2分段压板 | 跳低压侧2分段（2）软压板 | 低压2分段出口 | 跳低压2分段出口 | 跳低压侧2分支分段1（2） |
| 43 | | GOOSE闭锁中备投压板 | 投入时允许主变压器保护动作闭锁中压侧备投出口 | 按定值整定通知单执行，通常不变更投退状态 | GOOSE闭锁中备投压板 | 闭锁中压备自投软压板 | 闭锁中压备投1（2） | 闭锁中压侧备自投 | 闭锁中压侧备自投 |
| 44 | | GOOSE闭锁低1备投压板 | 投入时允许主变压器保护动作时闭锁低1分支备自投出口 | 按定值整定通知单执行，通常不变更投退状态 | GOOSE闭锁低1备投压板 | 闭锁低压1分支备自投1（2）软压板 | 闭锁低1备投1（2） | 闭锁低1分支备自投 | 闭锁低1分支备自投 |
| 45 | | GOOSE闭锁低2备投压板 | 投入时允许主变压器保护动作时闭锁低2分支备自投出口 | 按定值整定通知单执行，通常不变更投退状态 | GOOSE闭锁低2备投压板 | 闭锁低压2分支备自投1（2）软压板 | 闭锁低2备投1（2） | 闭锁低2分支备自投 | 闭锁低2分支备自投 |
| 46 | | 差动保护出口 | 投入时允许差动保护功能投入 | 主变压器差动保护跳闸时投入，投信号或停用时退出 | — | — | 差动保护动作 | — | — |
| 47 | | 后备保护出口 | 投入时允许后备保护功能投入 | 主变压器后备保护跳闸时投入，投信号或停用时退出 | — | — | 后备保护动作 | — | — |
| 48 | | 非全相出口 | 投入时允许保护非全相出口 | 主变压器保护非全相跳闸时投入，投信号或停用时退出，正常不用 | — | — | — | 非全相出口 | — |
| 49 | | 过负荷出口 | 投入时允许过负荷保护告警 | 正常不操作 | — | — | 过负荷 | — | — |
| 50 | | 通风启动Ⅰ段 | 投入时允许在负荷达到通风启动Ⅰ段定值后启动风扇 | 按定值整定通知单执行，正常不操作 | — | — | 启动通风 | 通风启动Ⅰ段 | 启动风冷 |
| 51 | | 通风启动Ⅱ段 | 投入时允许在负荷达到通风启动Ⅱ段定值后启动风扇 | 按定值整定通知单执行，正常不操作 | — | — | — | 通风启动Ⅱ段 | — |

| 序号 | 类型 | 软压板标准名称 | 软压板功能 | 各种运行方式下的压板状态 | 南自 | 南瑞 | 四方 | 许继 | 深瑞 |
|---|---|---|---|---|---|---|---|---|---|
| 52 | GOOSE发送软压板 | 闭锁有载调压 | 投入时允许闭锁有载调压 | 按定值整定通知单执行，正常不操作 | — | — | 闭锁调压 | 闭锁有载调压 | 闭锁有载调压 |
| 53 | GOOSE接收软压板 | GOOSE高压侧失灵开入压板 | 母差保护高压侧开关失灵开入联跳，投入时允许高压侧开关失灵保护动作时联跳主变压器各侧开关 | 按定值整定通知单执行，正常不操作 | GOOSE高压侧失灵开入压板 | 失灵联跳接收GOOSE软压板 | — | 高失灵跳开入接收 | — |

## 附录 C 线路保护软压板统计表

| 序号 | 类型 | 软压板标准名称 | 软压板功能 | 各种运行方式下的压板状态 | 南自 | 南瑞 | 四方 | 许继 | 南瑞科技 |
|---|---|---|---|---|---|---|---|---|---|
| 1 | 功能软压板 | 纵差保护 | 纵差保护投入 | 正常方式下投入，通道异常、任一侧装置异常及调度要求时退出 | — | — | 纵联差动保护 | 纵联电流差动 | 纵联差动保护软压板 |
| | | 纵联保护 | 光纤闭锁或方向光纤保护投入 | 正常方式下投入，通道异常、任一侧装置异常及调度要求时退出 | 纵联保护 | 纵联保护 | 纵联保护 | 纵联保护 | 纵联保护软压板 |
| 2 | | 通道A纵差保护 | 通道A纵差保护投入 | 正常方式下投入，通道异常、任一侧装置异常及调度要求时退出 | 差动保护通道A | 通道A差动保护 | — | — | — |
| 3 | | 通道B纵差保护 | 通道B纵差保护投入 | 正常方式下投入，通道异常、任一侧装置异常及调度要求时退出 | 差动保护通道B | 通道B差动保护 | — | — | — |
| 4 | | 停用重合闸 | 重合闸停用，同时沟通三跳、重合闸放电 | 正常方式下退出，双纵联保护停用、线路带电作业、调度要求时投入 | 停用重合闸 | 停用重合闸 | 停用重合闸 | 停用重合闸 | 停用重合闸软压板 |
| 5 | | 远方修改定值 | 投入时允许远方修改定值 | 目前不投 | 远方修改定值 | 远方修改定值 | 远方修改定值 | 远方修改定值 | 远方修改定值 |
| 6 | | 远方切换定值区 | 投入时允许远方切换定值区 | 目前不投 | 远方切换定值区 | 远方切换定值区 | 远方切换定值区 | 远方切换定值区 | 远方切换定值区 |
| 7 | | 远方控制压板 | 投入时允许远方修改保护软压板投退状态 | 目前不投 | 远方控制压板 | 远方控制压板 | 远方控制软压板 | 远方控制压板 | 远方控制压板 |
| 8 | | 允许远方操作 | 投入时允许远方操作（为测控一体装置） | 正常方式下投入，禁止远方操作时停用 | — | — | — | 允许远方操作 | — |

| 序号 | 类型 | 软压板标准名称 | 软压板功能 | 各种运行方式下的压板状态 | 南自 | 南瑞 | 四方 | 许继 | 南瑞科技 |
|---|---|---|---|---|---|---|---|---|---|
| 9 | SV 软压板 | SV 接收压板 | 该软压板投入、接收与发送装置检修状态一致、链路正常时，装置处理接收的电流电压采样值；该软压板退出时，装置不接收采样值 | 断路器运行、热备用时投入，断路器冷备用、检修及合并单元检修时退出 | SV 接收软压板 | MU 接收软压板 | MU 电压电流压板 | — | 线路间隔 MU 投入软压板 |
| 10 | | 电压 SV 接收压板 | 该软压板投入、接收与发送装置检修状态一致、链路正常时，装置处理接收的电压采样值；该软压板退出时，装置不接收采样值 | 断路器运行、热备用时投入，断路器冷备用、检修及合并单元检修时退出 | — | — | — | 电压 MU 投入 | — |
| 11 | | 电流 SV 接收压板 | 该软压板投入、接收与发送装置检修状态一致、链路正常时，装置处理接收的电流采样值；该软压板退出时，装置不接收采样值 | 断路器运行、热备用时投入，断路器冷备用、检修及合并单元检修时退出 | — | — | — | 电流 MU 投入 | — |
| 12 | GOOSE 发送软压板 | 跳闸出口 GOOSE 发送 | 投入时该装置允许间隔跳闸出口 | 正常方式下投入，该套保护停用时退出 | GOOSE 跳闸出口 | 跳开关出口 GOOSE 发送软压板 | GO 跳闸 | 跳闸出口压板 | GOOSE 跳闸软压板 |
| 13 | | 启动失灵 GOOSE 发送 | 投入时该装置允许间隔启动失灵 | 正常方式下投入，该功能在母差保护装置侧投停 | GOOSE 启动失灵 | 启开关失灵 GOOSE 发送软压板 | GO 启动失灵 | 启失灵出口压板 | GOOSE 启失灵软压板 |
| 14 | | 重合闸出口 GOOSE 发送 | 投入时该装置允许重合闸出口 | 正常方式下投入，双纵联保护停用、线路带电作业、调度要求时退出 | GOOSE 重合闸出口 | 重合闸 GOOSE 发送软压板 | GO 合闸出口 | 合闸出口压板 | GOOSE 重合闸软压板 |
| 15 | | 三相不一致出口 GOOSE 发送 | 投入时允许三相不一致出口。断路器三相不一致保护投入，该保护功能不用 | 正常方式下不用 | GOOSE 三相不一致出口 | — | GO 三相不一致 | — | — |

续表

| 序号 | 类型 | 软压板标准名称 | 软压板功能 | 各种运行方式下的压板状态 | 南自 | 南瑞 | 四方 | 许继 | 南瑞科技 |
|---|---|---|---|---|---|---|---|---|---|
| 16 | GOOSE发送软压板 | 远传命令GOOSE发送 | 投入时允许发送远传命令。对侧接收远传命令后经本地判断跳闸 | 按定值单要求投退，正常不操作 | — | 远传GOOSE发送软压板 | — | — | GOOSE远传软压板 |
| 17 | | 远方跳闸GOOSE发送 | 投入时本侧母差保护或失灵保护、过电压保护、电抗器保护等动作时向对侧发远跳信号 | 按定值单要求投退，正常不操作 | — | — | GO远方跳闸 | — | — |
| 18 | | 沟通三跳GOOSE发送 | 投入时允许发送沟通三跳 | 正常方式下不用 | — | — | GO沟通三跳 | 三相跳闸出口压板永跳出口压板 | — |
| 19 | | 闭锁重合闸GOOSE发送 | 投入时允许发送闭锁重合闸信号 | 正常方式下不用 | — | 闭重GOOSE发送软压板 | GO闭锁重合闸 | — | GOOSE闭重软压板 |
| 20 | GOOSE接收软压板 | 远方跳闸GOOSE接收 | 投入时允许接收远方跳闸信号 | 按定值单要求投退，正常不操作 | 远方跳闸GOOSE接收 | — | — | 远跳接收压板 | — |
| 21 | | 智能终端GOOSE接收 | 投入时接收智能终端发送的间隔设备的位置等信息 | 正常方式下投入，正常不操作 | 智能终端GOOSE接收 | 智能终端GOOSE接收软压板 | — | — | — |
| 22 | | 母差GOOSE接收 | 投入时接收母差保护发送的差动动作等信息 | 正常方式下投入，该功能在母差保护装置侧投停 | 母差GOOSE接收 | 母差GOOSE接收软压板 | — | — | — |

## 附录 D  母差保护软压板统计表

| 序号 | 类型 | 软压板标准名称 | 软压板功能 | 各种运行方式下的压板状态 | 南自 | 南瑞 | 四方 | 许继 | 深瑞 |
|---|---|---|---|---|---|---|---|---|---|
| 1 | 功能软压板 | 差动保护投入压板 | 差动保护投入 | 正常时应投入，差动保护闭锁或可能误动时退出 | 差动保护软压板 | 差动保护软压板 | 差动保护 | 差动保护软压板 | 差动保护软压板 |
| 2 | | 失灵保护投入压板 | 失灵保护投入 | 正常时应投入，失灵保护闭锁或可能误动时退出 | 失灵保护软压板 | 失灵保护软压板 | 失灵保护 | 失灵保护软压板 | 失灵保护软压板 |

续表

| 序号 | 类型 | 软压板标准名称 | 软压板功能 | 各种运行方式下的压板状态 | 南自 | 南瑞 | 四方 | 许继 | 深瑞 |
|---|---|---|---|---|---|---|---|---|---|
| 3 | 功能软压板 | 母联互联投入压板 | 母联互联投入 | | | | 母线 I-II 互联 | 母线 I-II 互联软压板 | I、II母互联软压板 |
| 4 | | | | 当一次系统两母线无法解列时投入 | 母联互联软压板 | 母线互联软压板 | 母线 I-III 互联 | 母线 I-III 互联软压板 | I、III母互联软压板 |
| 5 | | | | | | | 母线 II-III 互联 | 母线 II-III 互联软压板 | II、III母互联软压板 |
| 6 | | 母联分列软压板 | 母联分列运行投入 | 母线分列运行时投入 | 母联分列软压板 | 母联分列软压板 | 母联1分列运行 | 母线 I-II 分列运行压板 | 联络1分裂软压板 |
| 7 | | 分段1分列软压板 | 分段1分列运行投入 | 分段1开关分位时投入 | 分段1分列软压板 | — | 母联2分列运行 | 母线 I-III 分列运行压板 | 联络2分裂软压板 |
| 8 | | 分段2分列软压板 | 分段2分列运行投入 | 分段2开关分位时投入 | 分段2分列软压板 | — | 分段分列运行 | 母线 II-III 分列运行压板 | — |
| 9 | | 母联充电过电流软压板 | 母联充电过电流保护投入 | 母联充电时投入 | 母联充电过电流软压板 | — | — | — | 联络1充电过电流保护 I（II）段软压板 |
| 10 | | 分段1充电过电流软压板 | 分段1充电过电流保护投入 | 分段1充电时投入 | 分段1充电过电流软压板 | — | — | — | 联络2充电过电流保护 I（II）段软压板 |
| 11 | | 分段2充电过电流软压板 | 分段2充电过电流保护投入 | 分段2充电时投入 | 分段2充电过电流软压板 | — | — | — | 联络3充电过电流保护 I（II）段软压板 |

续表

| 序号 | 类型 | 软压板标准名称 | 软压板功能 | 各种运行方式下的压板状态 | 南自 | 南瑞 | 四方 | 许继 | 深瑞 |
|---|---|---|---|---|---|---|---|---|---|
| 12 | 功能软压板 | 母联非全相保护软压板 | 母联非全相保护投入 | 正常时应投入，母联非全相保护闭锁或可能误动时退出 | 母联非全相保护软压板 | — | — | — | 联络1非全相保护软压板 |
| 13 | | 分段1非全相保护软压板 | 分段1非全相保护投入 | 正常时应投入，分段1非全相保护闭锁或可能误动时退出 | 分段1非全相保护软压板 | — | — | — | 联络2非全相保护软压板 |
| 14 | | 分段2非全相保护软压板 | 分段2非全相保护投入 | 正常时应投入，分段2非全相保护闭锁或可能误动时退出 | 分段2非全相保护软压板 | — | — | — | 联络3非全相保护软压板 |
| 15 | | 母联间隔投入软压板 | 该间隔合并单元和智能终端接收链路的投退以及间隔保护功能投退 | 正常运行时投入，该间隔停用或检修时退出 | — | 母联间隔投入软压板 | — | — | — |
| 16 | | 支路1(2...)间隔投入软压板 | 该间隔合并单元和智能终端接收链路的投退以及间隔保护功能投退 | 正常运行时投入，该间隔停用或检修时退出 | — | 支路1(2...)间隔投入软压板 | — | — | — |
| 17 | | 远方投退压板软压板 | 投入时允许远方修改定值 | 按定值整定通知单执行，正常不操作 | 远方投退压板软压板 | 远方控制软压板 | 远方控制压板 | 远方控制压板 | 远方控制压板 |
| 18 | | 远方切换定值区软压板 | 投入时允许远方切换定值区 | 按定值整定通知单执行，正常不操作 | 远方切换定值区软压板 | 远方修改定值区 | 远方切换定值区压板 | 远方切换定值区 | 远方切换定值区 |
| 19 | | 远方修改定值软压板 | 投入时允许远方修改保护软压板投退状态 | 按定值整定通知单执行，正常不操作 | 远方修改定值软压板 | 远方修改定值 | 远方修改定值压板 | 远方修改定值 | 远方修改定值 |
| 20 | SV接收软压板 | 电压SV接收软压板 | 是否接收电压采样值 | 电压互感器冷备用和检修时或压变合并单元检修时退出 | 电压_SV接收软压板 | — | 电压MU压板 | — | I（II、III）母SV接收软压板 |
| 21 | | 母联SV接收软压板 | 是否接收母联采样值 | 母联开关冷备用和检修时或母联合并单元检修时退出 | 母联_SV接收软压板 | — | 母联MU压板 | 母联间隔投入 | 联络1SV接收软压板 |
| 22 | | 分段1SV接收软压板 | 是否接收分段1采样值 | 分段1开关冷备用和检修时或分段1合并单元检修时退出 | 分段1_SV接收软压板 | — | 分段1MU压板 | 分段1间隔投入 | 联络2SV接收软压板 |

续表

| 序号 | 类型 | 软压板标准名称 | 软压板功能 | 各种运行方式下的压板状态 | 南自 | 南瑞 | 四方 | 许继 | 深瑞 |
|---|---|---|---|---|---|---|---|---|---|
| 23 | SV接收软压板 | 分段2SV接收软压板 | 是否接收分段2采样值 | 分段2开关冷备用和检修时或合并单元检修时退出 | 分段2_SV接收软压板 | — | 分段2MU压板 | 分段2间隔投入 | 联络3SV接收软压板 |
| 24 | | 支路1（2...）SV接收软压板 | 是否接收支路1（2...）采样值 | 支路1（2...）开关冷备用和检修时或支路1（2...）合并单元检修时退出 | 支路1（2...）_SV接收软压板 | — | 支路1（2...）MU压板 | 支路1（2...）间隔投入 | 支路1（2...）SV接收软压板 |
| 25 | GOOSE发送软压板 | 母联_启动失灵开入软压板 | 是否接收母联以GOOSE方式提供的失灵开入 | 正常运行时投入,母联间隔停用或检修时退出 | 母联_启动失灵开入软压板 | 母联失灵-1GOOSE软压板 | — | 母联间隔失灵开入软压板 | — |
| 26 | | 分段1_启动失灵开入软压板 | 是否接收分段1以GOOSE方式提供的失灵开入 | 正常运行时投入,分段1间隔停用或检修时退出 | 分段1_启动失灵开入软压板 | | — | 分段1间隔失灵开入软压板 | — |
| 27 | | 分段2_启动失灵开入软压板 | 是否接收分段2以GOOSE方式提供的失灵开入 | 正常运行时投入,分段2间隔停用或检修时退出 | 分段2_启动失灵开入软压板 | | — | 分段2间隔失灵开入软压板 | — |
| 28 | | 支路1（2...）启动失灵开入软压板 | 是否接收支路1（2...）以GOOSE方式提供的失灵开入 | 正常运行时投入,支路1（2...）间隔停用或检修时退出 | 支路1（2...）启动失灵开入软压板 | 支路1（2...）失灵GOOSE软压板 | — | 支路1（2...）间隔失灵开入软压板 | — |
| 29 | | 母联_保护跳闸软压板 | 是否投入母联保护跳闸出口 | 正常运行时投入,投信号或停用时退出 | 母联_保护跳闸软压板 | 母联跳闸GOOSE发送软压板 | 母联出口压板 | 母联间隔GOOSE出口软压板 | 联络1GOOSE发送软压板 |
| 30 | | 分段1_保护跳闸软压板 | 是否投入分段1保护跳闸出口 | 正常运行时投入,投信号或停用时退出 | 分段1_保护跳闸软压板 | — | 分段1出口压板 | 分段1间隔GOOSE出口软压板 | 联络2GOOSE发送软压板 |
| 31 | | 启动分段1失灵发送软压板 | 是否发送分段1失灵GOOSE信息 | — | 启动分段1失灵发送软压板 | — | — | 启分段1失灵软压板 | — |
| 32 | | 分段2_保护跳闸软压板 | 是否投入分段2保护跳闸出口 | 正常运行时投入,投信号或停用时退出 | 分段2_保护跳闸软压板 | — | 分段2出口压板 | 分段2间隔GOOSE出口软压板 | 联络3GOOSE发送软压板 |

| 序号 | 类型 | 软压板标准名称 | 软压板功能 | 各种运行方式下的压板状态 | 南自 | 南瑞 | 四方 | 许继 | 深瑞 |
|---|---|---|---|---|---|---|---|---|---|
| 33 | | 启动分段2失灵发送软压板 | 是否发送分段2失灵GOOSE信息 | — | 启动分段2失灵发送软压板 | — | — | 启分段2失灵软压板 | — |
| 34 | | 支路1(2...)保护跳闸压板 | 是否投入支路1(2...)保护跳闸出口 | 正常运行时投入，投信号或停用时退出 | 支路1(2...)_保护跳闸软压板 | 支路1(2...)跳闸GOOSE发送软压板 | 支路1(2...)出口压板 | 支路1(2...)间隔GOOSE出口软压板 | 支路1(2...)GOOSE发送软压板 |
| 35 | | 主变压器1失灵联跳变压器软压板 | 是否允许主变压器1失灵联调主变压器信号的发送 | 当主变压器其他侧有电源时投入此压板，跳开主变压器其他侧开关 | 主变压器1_失灵联跳变压器软压板 | 主变压器1联跳GOOSE发送软压板 | 主变压器1失灵联跳 | 主变压器1失灵联跳软压板 | 主变压器1GOOSE联跳软压板 |
| 36 | | 主变压器2失灵联跳变压器软压板 | 是否允许主变压器2失灵联调主变压器信号的发送 | 当主变压器其他侧有电源时投入此压板，跳开主变压器其他侧开关 | 主变压器2_失灵联跳变压器软压板 | 主变压器2联跳GOOSE发送软压板 | 主变压器2失灵联跳 | 主变压器2失灵联跳软压板 | 主变压器2GOOSE联跳软压板 |
| 37 | | Ⅰ母保护动作软压板 | 是否发送Ⅰ母保护动作GOOSE信号 | 正常运行时投入，Ⅰ母保护动作触点开出信号，一般发送到故障录波器 | Ⅰ母保护动作软压板 | — | Ⅰ母差动出口 | — | — |
| 38 | | Ⅱ母保护动作软压板 | 是否发送Ⅱ母保护动作GOOSE信号 | 正常运行时投入，Ⅱ母保护动作触点开出信号，一般发送到故障录波器 | Ⅱ母保护动作软压板 | — | Ⅱ母差动出口 | — | — |
| 39 | | Ⅲ母保护动作软压板 | 是否发送Ⅲ母保护动作GOOSE信号 | 正常运行时投入，Ⅲ母保护动作触点开出信号，一般发送到故障录波器 | — | — | Ⅲ母差动出口 | — | — |
| 40 | | 支路1(2...)强制使能软压板 | 是否允许支路1(2...)强制分合隔离开关功能 | 正常运行时投入 | 支路1(2...)强制使能软压板 | 支路1(2...)隔离开关位置强制使能 | — | 支路1(2...)间隔隔离开关强制投退 | 1(2...)支路隔离开关强制使能 |
| 41 | | 支路1(2...)1G强制合软压板 | 支路1(2...)1G是否强制合，与支路1(2...)_强制使能软压板配合 | 开关辅助触点故障时根据隔离开关实际位置进行置位 | 支路1(2...)1G强制合软压板 | 支路1(2...)-1母强制隔离开关位置 | — | 支路1(2...)间隔Ⅰ母隔离开关 | 1(2...)支路Ⅰ母隔离开关强制 |
| 42 | | 支路1(2...)2G强制合软压板 | 支路1(2...)2G是否强制合，与支路1(2...)_强制使能软压板配合 | 开关辅助触点故障时根据隔离开关实际位置进行置位 | 支路1(2...)2G强制合软压板 | 支路1(2...)-2母强制隔离开关位置 | — | 支路1(2...)间隔Ⅱ母隔离开关 | 1(2...)支路Ⅱ母隔离开关强制 |

## 附录 E　母联独立过电流保护软压板统计表

| 序号 | 类型 | 软压板标准名称 | 软压板功能 | 各种运行方式下的压板状态 | 南自 | 南瑞 | 四方 | 许继 |
|---|---|---|---|---|---|---|---|---|
| 1 | 功能软压板 | 充电过电流保护 | 投入时充电过电流保护投入 | 依据调令进行投退，正常时退出 | 充电过电流保护 | 充电过电流保护 | — | 充电过电流保护 |
| 2 | | 母充过电流I段 | 投入时母联充电过电流I段投入 | 依据调令进行投退，正常时退出 | — | — | 母充过电流I段 | — |
| 3 | | 母充过电流II段 | 投入时母联充电过电流II段投入 | 依据调令进行投退，正常时退出 | — | — | 母充过电流II段 | — |
| 4 | | 母充零序I段 | 投入时母联充电零序过电流I段投入 | 依据调令进行投退，正常时退出 | — | — | 母充零序I段 | — |
| 5 | | 母充零序II段 | 投入时母联充电零序过电流II段投入 | 依据调令进行投退，正常时退出 | — | — | 母充零序II段 | — |
| 6 | | 远方修改定值 | 投入时允许远方修改定值 | 不投 | 远方修改定值 | 远方修改定值 | 远方修改定值 | 远方修改定值 |
| 7 | | 远方切换定值区 | 投入时允许远方切换定值区 | 不投 | 远方切换定值区 | 远方切换定值区 | 远方切换定值区 | 远方切换定值区 |
| 8 | | 远方控制压板 | 投入时允许远方修改保护压板投退状态 | 不投 | 远方控制软压板 | 远方控制软压板 | 远方控制压板 | 远方控制压板 |
| 9 | | 检修状态压板 | 投入时闭锁保护装置，无采样值且信号不上传 | 不投 | — | — | 检修状态压板 | — |
| 10 | | 三相不一致保护 | 投入时三相不一致保护投入 | 不投 | — | — | — | 三相不一致保护 |
| 11 | SV接收软压板 | SV接受软压板 | 投入时采样值输入 | 母联开关冷备用和检修时或相应的合并单元检修时退出 | 母联SV接收软压板 | 母联合并单元SV-接收软压板 | MU压板 | 电流MU1投入软压板 |
| 12 | GOOSE发送软压板 | GOOSE跳闸压板 | 投入时该装置允许跳闸出口 | 正常方式下投入，该套保护停用时退出 | GOOSE跳闸压板 | — | GOOSE跳闸压板 | — |
| 13 | | 跳母联1软压板 | 投入时该装置允许跳闸出口 | 正常方式下投入，该功能在母差保护装置侧投停 | — | 跳母联1软压板 | — | 第一组跳闸出口软压板 |
| 14 | | 母联启动失灵压板 | 投入时该装置允许启动失灵 | 不投 | GOOSE启动失灵软压板 | 启动母联失灵软压板 | GOOSE跳闸启失灵 | 第一组启动失灵软压板 |
| 15 | | GOOSE跳闸闭锁备投 | — | 不投 | — | — | GOOSE跳闸闭锁备投 | — |

# 参 考 文 献

[1] 刘振亚. 智能电网技术 [M]. 北京：中国电力出版社，2010.

[2] 刘振亚. 智能电网知识问答 [M]. 北京：中国电力出版社，2010.

[3] 宋庭会. 智能变电站运行与维护 [M]. 北京：中国电力出版社，2013.

[4] 河南省电力公司. 智能变电站建设管理与工程实践 [M]. 北京：中国电力出版社，2012.

[5] 宁夏电力公司教育培训中心. 智能变电站运行与维护 [M]. 北京：中国电力出版社，2012.

[6] 薛峰. 电网继电保护事故处理及案例分析 [M]. 北京：中国电力出版社，2012.

[7] 郑玉平. 智能变电站二次设备与技术 [M]. 北京：中国电力出版社，2014.

[8] 高翔. 智能变电站技术 [M]. 北京：中国电力出版社，2012.

[9] 孙鹏，张大国，汪发明，等. 智能变电站调试与运行维护 [M]. 北京：中国电力出版社，2014.

[10] 高翔. 数字化变电站应用技术 [M]. 北京：中国电力出版社，2008.

[11] 宋璇坤，刘开俊，沈江. 新一代智能变电站研究与设计 [M]. 北京：中国电力出版社，2014.